电机工程经典书系

旋转电机偏心故障及环境耦合缺陷诊断技术

宋永兴　刘正杨　刘竞婷　张林华　著

机械工业出版社

本书作者在旋转电机多场耦合的数值模拟和实验研究方面进行了广泛研究。本书通过理论建模、数值模拟、实验研究、信号处理相结合的研究方法，阐述了偏心故障及环境耦合缺陷对旋转设备电磁场、结构场、流场间的影响规律，旨在分析旋转电机偏心故障及环境耦合缺陷对多场特性的作用机制，并从信号分析领域揭示旋转电机典型故障信息与多场信号调制特征的关联性。本书采用的信号分析方法创新性地揭示了不平衡激振力在多物理场间的传递特征及机制。此外，本书还包含各类典型故障的设备分析案例。

　　本书既可供从事机械故障诊断、设备健康管理及维护的工程师使用和参考，也可作为高等院校机械类、信号处理、状态识别相关专业的研究生的辅助教材。

图书在版编目（CIP）数据

旋转电机偏心故障及环境耦合缺陷诊断技术/宋永兴等著. —北京：机械工业出版社，2024.3（2025.5重印）

（电机工程经典书系）

ISBN 978-7-111-75148-9

Ⅰ.①旋… Ⅱ.①宋… Ⅲ.①电机-故障诊断 Ⅳ.①TM307

中国国家版本馆 CIP 数据核字（2024）第 037019 号

机械工业出版社（北京市百万庄大街 22 号　邮政编码 100037）

策划编辑：刘星宁　　　　　　　责任编辑：刘星宁　闫洪庆
责任校对：张亚楠　张　薇　　　封面设计：马精明
责任印制：李　昂
涿州市殷润文化传播有限公司印刷
2025 年 5 月第 1 版第 3 次印刷
169mm×239mm · 12.5 印张 · 241 千字
标准书号：ISBN 978-7-111-75148-9
定价：99.00 元

电话服务　　　　　　　　　　网络服务
客服电话：010-88361066　　　机　工　官　网：www.cmpbook.com
　　　　　010-88379833　　　机　工　官　博：weibo.com/cmp1952
　　　　　010-68326294　　　金　书　网：www.golden-book.com
封底无防伪标均为盗版　　机工教育服务网：www.cmpedu.com

前　言

在全球"双碳"背景下，旋转电机作为广泛应用于能源装备与系统领域的关键设备之一，其性能和可靠性对生产效率和系统稳定性起着至关重要的作用。由于安装环境缺陷及长时间运行，旋转电机系统难免会面临各种故障问题。然而，由于复杂系统结构产生的信号干扰，传统针对振动信号的单一特征提取及分析工作难以有效进行。为提高对旋转电机系统故障的诊断能力，需要在传统方法的基础上进行改进，对多维信号进行综合分析，以更全面了解电机系统的运行状况。为实现旋转电机偏心故障及环境耦合缺陷的诊断及预测，基于多物理场多源信号的旋转电机激励机理分析已成为该领域的热点及难点问题。

目前，针对旋转机械故障诊断，可利用多种状态检测信息，如电流、温度、噪声、振动、压力等。由于电机系统运行环境恶劣、受载复杂多变，振动信号信噪比降低，原有的特征信息被埋没在复杂信号的背景噪声中，而负载设备的压力脉动信号受影响较小，信噪比高。同时，相对于负载区域的压力脉动信号，磁场信号提取的特征更能直接地反映偏心故障产生的变化。作者针对这个问题，从旋转设备特有的调制成分出发，提出一种基于主成分分析法的信号调制特征提取算法，揭示了旋转设备磁场-结构场-流场之间的激励传递机制。与深度学习算法结合，有效地实现了基于多场信号的旋转设备故障诊断。

此外，对于旋转电机系统，模态分析是开展结构动力学特性分析的基础，其计算所得的电机固有频率及模态振型是研究电机振动的重要参数指标。早期对于电机模态研究的建模过程中，仅考虑轴系的传递特性，依照链状结构将系统划分为一个个简单的动力学特性元件，缺少环境耦合参量的引入，如基础平面度、机座连接形式等。因此，动力学模型求解的模态频率往往与工程实际存在偏差，而由于环境缺陷的存在，实际安装过程更可能会产生振动超标现象。作者针对这个问题，从旋转设备结构耦合动力学模型研究出发，建立了"底座-垫片-电机"的动力学模型及"结构-气隙"的耦合模型。通过有限元方法分别对立式及卧式电机底座连接形式及垫片缺陷对整机模态的影响进行分析，得到了环境缺陷对固有频率影响的一般规律。

本书共分为 8 章。第 1 章介绍了同步电机与异步电机的基本结构、工作原理及型号参数等，对旋转电机电磁特性的概念进行阐述。第 2 章主要介绍了旋转电机气隙偏心故障及环境耦合缺陷的基本概念，并分析了多场耦合及故障诊断的研究进展。第 3、4 章介绍了旋转设备结构耦合模型、电磁场数值模拟的原理和方法。第 5、6 章阐述了不同类型/程度偏心故障下的电磁特性、不同环境缺陷对模态振型的影响规律及研究成果。第 7 章论述了典型旋转设备基于信号解调的多物理场信号分析方法，揭示了不平衡激励在磁-固-流多场耦合传递机制。第 8 章探讨了深度学习与信号解调结合的方法在旋转设备故障诊断技术领域的应用，包括CNN 及 BPNN。

本书作者长期从事旋转机械机理及故障诊断研究工作，相关研究工作得到了山东省自然科学基金（ZR2021QE157）以及压缩机技术国家重点实验室开放基金项目（SKL-YSJ202108）的资助，研究团队成员尤其是马桤政对本书的成稿和出版做出了重要贡献，在此一并感谢。

本书既可供从事机械故障诊断、设备健康管理及维护的工程师使用和参考，也可作为高等院校机械类、信号处理、状态识别相关专业的研究生的辅助教材。限于作者的学识和水平，本书难免有欠妥和疏漏之处，恳请读者批评指正。

作　者

目　　录

第 1 章

旋转电机基本参数及电磁特性简介

旋转电机是依靠电磁感应原理而运行的旋转电磁机械，其主要功能是实现机械能和电能的相互转换。近年来，随着减少全球碳排放的需求以及工业 4.0 进程的推动，旋转电机在制造业、交通运输、能源系统等工程领域中已得到广泛应用。深入了解旋转电机的基本参数及电磁特性至关重要，不仅有助于旋转电机系统的优化设计、效率提高，同时支持对系统的稳定性及可靠性研究。旋转电机分类方式众多，根据起动方式的不同，可简单地将其分为同步电机与异步电机。电机的结构及工作原理是研究旋转机械的不可或缺的组成部分，因此，研究人员必须建立旋转电机的基本知识框架。本章将简单讨论同步电机与异步电机的运行原理和基本参数，并在此基础上引入旋转电机典型电磁特性的基本概念。通过对这些关键方面的深入了解，可为电机系统的故障特性机理研究提供基础性指导。

1.1 同步电机原理及基本参数

1.1.1 同步电机结构及基本参数

同步电机由固定的定子和可旋转的转子两大部分组成。定子铁心内圆及转子铁心外圆之间有一个很小的间隙，称为气隙。图 1-1 为常见的一台永磁同步电机（Permanent Magnet Synchronous Motor，PMSM）的各部分的结构示意图，包括定子、转子、永磁体、绕组、机座、端盖、接线端子、轴承等。以下简要地介绍永磁同步电机各主要部件的结构及作用。

1. 定子铁心

定子铁心（见图 1-2）是电机

图 1-1 永磁同步电机各部分的结构示意图

磁路中的关键组成部分，是用来集中和引导磁场的关键部件。定子铁心通过硅钢片叠压而成，这种材料具有较高的电阻率，能够有效减少铁损耗。此外，这样的设计也能确保磁场能够经过定子铁心，形成一个稳定而均匀的磁场。在定子铁心轭部的内圆表面均匀分布着许多相同形状的槽，用于容纳定子绕组。这些槽的形状取决于电机的容量、电压以及绕组的设计形式。

2. 定子绕组

同步电机的定子绕组（见图1-2）通常使用传统的定子绕组，即绕制在定子铁心上的线圈，它位于定子铁心的槽中。这些绕组通常由导电线圈组成，通过绕制和连接在特定的槽内，形成不同的绕组类型，例如星形绕组、三角形绕组等。在永磁同步电机中，定子绕组的主要作用是产生与永磁体相互作用的磁场，从而产生电磁转矩，驱动转子运动。

3. 转子铁心

转子是电机的旋转部分，它承担着将电机的电能转化为机械能的关键角色，最终通过轴输出机械转动。在永磁同步电机中，转子由转子铁心、轴和永磁体组成。

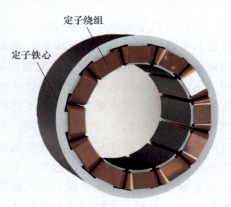

图 1-2　永磁同步电机的定子铁心及绕组

为了有效减少铁损耗，转子铁心同样采用叠压硅钢片的设计来构建。

在永磁同步电机中，转子旋转磁场通过永磁体的旋转运动构建，根据永磁体在转子铁心中的位置，可分为表面式和内置式。其中，表面式永磁同步电机转子结构又可分为表贴式和插入式，如图1-3所示；内置式永磁同步电机转子按磁路结构又可分为径向式、切向式和U形混合式，如图1-4所示。

4. 气隙

气隙是指电机转子和定子之间的非磁性区域，通常由空气或其他非磁性材料填充。气隙是电机内电磁能转为电磁转矩的区域。由于空气的磁阻比铁心大得多，为减小激励电流产生的无功功率，气隙长度δ应尽可能的小，在中小型电机内一般为 $0.2\sim1$mm。永磁同步电机的气隙相对较小，其转子包含永磁体，因而提供了强大而稳定的磁场。这样的设计可以减小气隙磁阻，提高电机效率。

5. 机座与端盖

机座的作用主要是固定和支撑定子铁心，中小型电机一般都采用铸铁机座，并根据不同的冷却方式而采用不同的机座形式。例如，小型封闭式电机[1]，电机中损耗产生的热量全要通过机座散出，为了加强散热能力，在机座的外表面均匀分布有很多散热片，以增大散热面。对于大容量的电机，一般采用钢板焊接的机座。

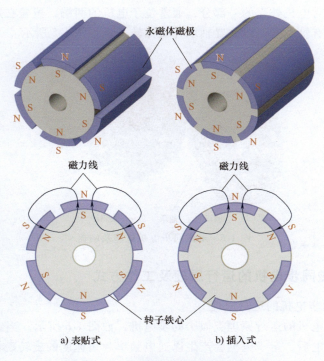

a) 表贴式　　　　　　　　b) 插入式

图 1-3　表面式永磁同步电机转子结构

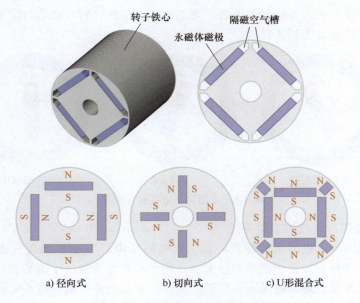

a) 径向式　　　　b) 切向式　　　　c)U形混合式

图 1-4　内置式永磁同步电机转子结构

电机端盖为电机外壳的一部分，通常位于电机的两端，覆盖在定子和转子之上。端盖上设有轴承室，以放置轴承并支撑转子，如图 1-5 所示。

图 1-5   永磁同步电机机座及端盖

1.1.2   永磁同步电机的运行原理及工作方式

1. 永磁同步电机的运行原理

永磁同步电机的运行原理类似于同步电机，如图 1-6 所示。当定子绕组部分通入三相交流电后，定子电枢会产生以通电频率为角速度的旋转磁场，它与永磁体旋转产生的转子磁场相互吸引。当定子磁场超前时，定子磁场会给转子永磁体一个正向拉力，使转子及转子磁场加速；当定子磁场落后时，定子磁场会给转子永磁体一个反向拉力，使转子及转子磁场减速。最终，转子磁场与定子磁场实现互锁，转子转速即为同步转速。

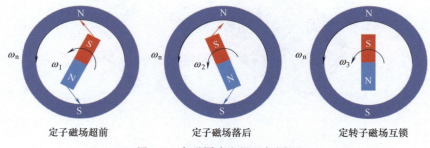

定子磁场超前　　　　　　　定子磁场落后　　　　　　定转子磁场互锁

图 1-6   永磁同步电机运行原理

2. 永磁同步电机的工作方式

由永磁同步电机的运行原理可知，永磁同步电机不能直接通三相交流电起动。因转子惯量大，定子磁场旋转太快，转子动作始终落后于磁场方向变化，静止的转子根本无法跟随磁场起动旋转。因此，永磁同步电机一般采用辅助起动的策略。根据起动方式的不同，永磁同步电机的工作方式主要分为两种：一种是通过变频调速器控制电机达到同步，另一种是通过异步起动的方式来达到同步。

1）变频调速器方式：永磁同步电机的电源采用变频调速器提供。起动时，变频器输出频率从 0 开始连续上升到工作频率，电机转速则跟随变频器输出频率同步上升，通过调节变频器的输出频率，可以实现对电机转速的灵活控制，使其成为一种优越的变频调速电机系统。

2）异步起动方式：永磁同步电机的起动和运行是由定子绕组、转子笼型绕组和永磁体这三者产生的磁场的相互作用而形成。根据法拉第定律，定子绕组通电后产生旋转磁场，转子笼型绕组的闭合回路中部分导体做切割磁感线运动，在笼型绕组上产生感应电流，产生的安培力拖动转子完成异步起动，当转子达到同步转速后，转子磁场与定子磁场互锁，笼型导条不再切割磁感线，转子转速与旋转磁场实现同步。

1.1.3　永磁同步电机的型号及额定值

1. 永磁同步电机的型号

永磁同步电机的铭牌上会标注型号，例如某电机的型号是 TYB225M-4，其中 T 表示同步电机，Y 表示永磁体，B 表示变频，225 表示机座中心高（mm），M 表示中机座（S 表示短机座，L 表示长机座），4 表示极数 $P=4$，极对数 $p=2$。

2. 永磁同步电机的额定值

1）额定电压 U_N：在额定运行时，规定加在定子绕组上的线电压称为额定电压（V）。

2）额定电流 I_N：在额定运行时，通入定子绕组中的线电流称为额定电流（A）。

3）额定功率 P_N：在额定运行时，电机输出的功率称为额定功率（W）。

4）额定转速 n_N：在额定功率时的转子转速，对于永磁同步电机，额定转速与同步转速相等，可用下式计算，即

$$n_N = \frac{120f_p}{P} = \frac{60f_p}{p} \tag{1-1}$$

式中，n_N 的单位为 r/min；f_p 为电源的供电频率（Hz）；P 为电机极数；p 为电机极对数。

1.2　异步电机原理及基本参数

1.2.1　异步电机结构及基本参数

异步电机的结构与永磁同步电机的转子部分存在区别，其内部结构如图 1-7

所示。三相异步电机种类繁多，按转子结构分为笼型和绕线转子异步电机两大类；按机壳的防护形式分类，笼型又可分为防护式、封闭式、开启式等；按冷却方式可分为自冷式、自扇冷式、管道通风式与液体冷却式。异步电机分类方法虽不同，但各类三相异步电机的基本结构却是相同的。通过了解不同类型的异步电机内部构造和结构，有助于对其进行精准的参数化建模。

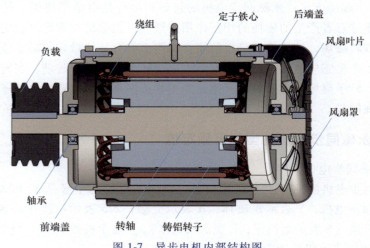

图 1-7   异步电机内部结构图

1. 定子铁心

异步电机的定子铁心与永磁同步电机结构相同，均由为减少涡流损耗和磁滞损耗的硅钢片叠压而成。常用的定子槽型如图 1-8 所示，主要分为半闭口槽、半开口槽、开口槽[2]。

容量在 100kW 以下的小型异步电机一般都采用半闭口槽，槽口的宽度小于槽宽的一半，定子绕组由高强度漆包圆铜线绕成，经过槽口分散嵌入槽内。在线圈与铁心间衬以绝缘纸作为槽绝缘。半闭口槽的优点是槽口较小，可以减少主磁路的磁阻，使产生旋转磁场的励磁电流减少。其缺点是嵌线不方便。

电压在 500V 以下的中型异步电机，通常采用半开口槽，半开口槽的槽口宽度稍大于槽宽的一半。对于高电压的中型或大型异步电机通常采用开口槽，槽口宽度等于槽宽，嵌线方便。

2. 转子铁心

不同于永磁同步电机，异步电机的转子是由转子铁心、转轴、转子绕组等组成。转子铁心同样采用硅钢片叠压而成，转子硅钢片的外圆上冲有嵌放线圈的槽。根据转子绕组的形式，可分为笼型转子和绕线转子两大类[3]。

笼型转子绕组是在转子铁心每个槽内插入等长的裸铜导条，两端分别用铜制短路环焊接成一个整体，形成一个闭合的多相对称回路，若去掉铁心，很像一个

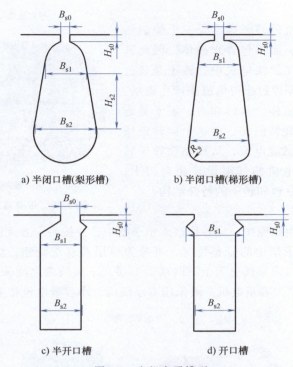

a) 半闭口槽(梨形槽)　　　　　　b) 半闭口槽(梯形槽)

c) 半开口槽　　　　　　　　　　d) 开口槽

图 1-8　电机定子槽型

鼠笼，故称笼型转子[4]。中小型异步电机笼型转子槽内常采用铸铝，将导条、端环同时一次浇注成型，如图 1-9a 所示。大型电机采用铜条绕组，如图 1-9b 所示。

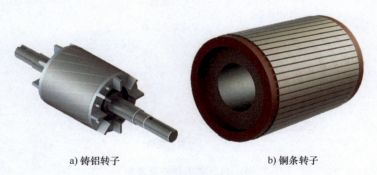

a) 铸铝转子　　　　　　　　　　　b) 铜条转子

图 1-9　笼型转子

对于大型及中型异步电机，为了使铁心的热量能更有效地散发出去，在铁心中设有径向通风沟，或称为风道，这时铁心沿长度方向被分成数段，如图 1-10 所示。而小型电机由于散热量较少，不需要径向通风沟。

3. 气隙

由于异步电机的转子通常是一个绕制铝或铜导体的圆筒，而不包含永磁体，因此其气隙相对较大。在异步电机中，转子是通过电磁感应原理，即通过感应电流来产生磁场，而不是依赖于永磁体。具体而言，定子是通过电流激励产生旋转磁场，而这个旋转磁场又在转子中产生感应电流，从而驱动转子转动。因此，异步电机的气隙设计相对较大，以适应电磁感应原理和转子的特殊结构。

图 1-10　带有通风沟的铁心

4. 定子绕组

定子绕组是由线圈按一定规律嵌入定子槽中，并按一定方式连接起来的。根据定子绕组在定子槽中的分布情况，可分为单层及双层绕组，如图 1-11 所示。双层绕组在每槽内的导线分为上下两层，上层及下层线圈之间采用绝缘层隔开，如图 1-11b 所示。大容量电机一般采用双层绕组，小容量电机常采用单层绕组。

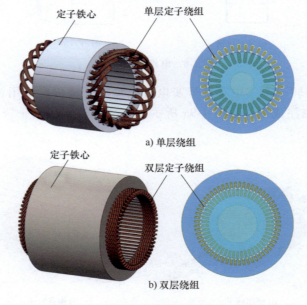

a) 单层绕组

b) 双层绕组

图 1-11　定子铁心及绕组

1.2.2　异步电机的工作原理及运行方式

异步电机主要由静止的定子和旋转的转子两大部分组成，当定子绕组接通交流电源时，转子就会旋转并输出动力。其主要原理是定子绕组通电（交流电）后会形成一个旋转的电磁场，而转子绕组是一个闭合导体，在定子旋转磁场中不停地切割定子的磁感线。

根据法拉第电磁感应定律，闭合导体切割磁感线会产生电流，而电流会产生一个电磁场，此时电机内部存在两个电磁场：一个是接通外部交流电的定子电磁场，另一个是切割定子磁感线产生的转子电磁场。

根据楞次定律，感应电流在回路中产生的磁通量总是反抗（或阻碍）原磁通量的变化，即阻止转子上的导体切割定子旋转磁场的磁感线。因此，转子导体上感应电流产生的磁场会主动"追赶"定子绕组产生的旋转磁场，即转子追赶定子旋转磁场，导致电机开始运转。由于异步电机不存在同步电机定转子磁场的互锁机制，当异步电机的转子旋转速度（n_2）低于定子旋转磁场的同步速度（n_1），则为转速落后，转子进入加速阶段；当异步电机的转子旋转速度（n_2）高于定子旋转磁场的同步速度（n_1），则为转速超前，转子进入减速阶段。在此过程中，转子旋转速度（n_2）和定子旋转磁场的同步速度（n_1）始终不同步（转速差 2%~6%），因此称之为异步电机。

1.2.3　异步电机的型号及额定值

1. 异步电机的型号

异步电机的铭牌上同样会标注型号，例如某电机的型号为 YKKL500-6，其中 Y 表示异步电机，KK 表示冷却方式，电机内外均为空冷散热，L 表示立式电机，500 表示电机功率为 500kW，6 表示电机极数为 6。在 Y 系列的基础上，还派生出许多特种用途的异步电机。

2. 异步电机的额定值

异步电机的铭牌上标注有制造厂规定使用这台电机的额定值，以三相异步电机为例，其主要额定参数如下：

1）额定电压 U_N：在额定运行时，规定加在定子绕组上的线电压称为额定电压（V）。

2）额定电流 I_N：在额定运行时，通入定子绕组中的线电流称为额定电流（A）。

3）额定功率 P_N：在额定运行时，电机输出的功率称为额定功率。电机输出的额定功率也称作机械效率，可用下式计算：

$$P_N = \sqrt{3}\, U_N I_N \cos\varphi_N \eta_N \tag{1-2}$$

式中，P_N 的单位为 W；η_N 和 $\cos\varphi_N$ 分别表示在额定运行时异步电机的效率和功率因数。

4）额定转速 n_N：在额定功率时的转子转速，对于异步电机，额定转速与同

步转速存在转差率，可用下式计算，即

$$n_N = \frac{120f_p}{P} \cdot s = \frac{60f_p}{p} \cdot s \qquad (1\text{-}3)$$

式中，n_N 的单位为 r/min；f_p 为电机供电频率（Hz）；s 为异步电机转差率。

1.3　旋转电机典型电磁特性

1.3.1　气隙磁通密度

磁通密度是描述磁场强弱和方向的物理量，是矢量，常用符号 B 表示，国际通用单位为特斯拉（符号为 T）。磁通密度也被称为磁通量密度或磁感应强度。在物理学中磁场的强弱使用磁通密度来表示，磁通密度越大，表示磁感应越强；磁通密度越小，表示磁感应越弱。

作为电机内部磁场能量转换的重要通道，气隙磁场的变化对电机的运行稳定性产生着重要影响，气隙磁通密度按作用方向可分为切向及径向分量，如图 1-12 所示。因此，径向磁通密度及切向磁通密度与磁通密度的水平分量及竖直分量的关系可表示为

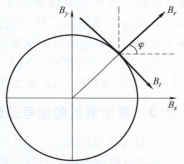

图 1-12　磁通密度径向及切向分量分解

$$B_r = B_x\cos\varphi + B_y\cos\varphi \qquad (1\text{-}4)$$
$$B_t = B_x\sin\varphi - B_y\cos\varphi \qquad (1\text{-}5)$$

式中，B_r 为径向磁通密度（T）；B_t 为切向磁通密度（T）；B_x 和 B_y 分别为磁通密度在 x 和 y 方向上的分量（T）；φ 为电位角（rad）。

当电机未产生偏心故障时，由于电机内部结构的对称特性，因此可通过研究电机的 $1/Q$ 的周期或 $1/Q$ 的模型以简化分析。其中，Q 为最大并联支路数，若定子槽数为 Z_1，极对数为 p，极数为 $2p$，则 $Z_1/3$ 与 $2p$ 的最大公约数即为最大并联支路数，即

$$\text{最大并联支路数 } Q = \text{最大公约数}(Z_1/3, 2p) \qquad (1\text{-}6)$$

例如，12 槽 8 极电机，最大并联支路数为 4。通过分析 1/4 周期内电机磁场特性变化，得到的径向磁通密度分布如图 1-13 所示，切向磁通密度分布如图 1-14 所示。旋转电机的径向磁通密度分量主要分布于转子靠近气隙的一侧及定子轭部，切向磁通密度分量主要分布于定子槽背侧及转子表面。在 $0 \sim T/4$ 内，旋转电机内各位置处的磁通密度随转子运动变化，经过 1/4 周期，磁通密度

分布与初始时刻相同，呈周期性变化规律。

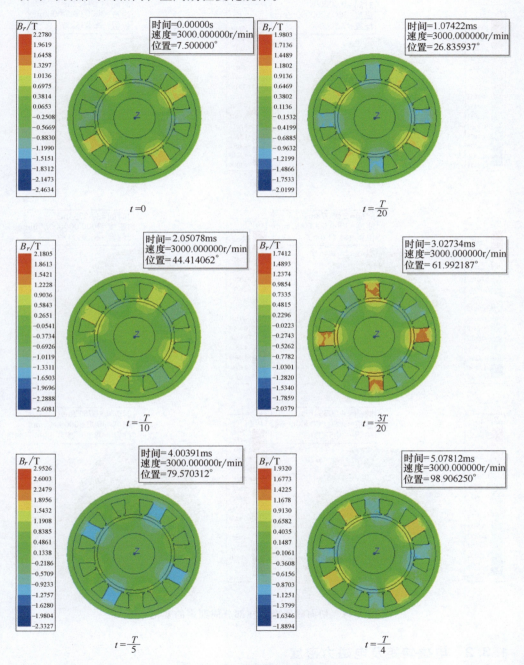

图 1-13　径向磁通密度在部分周期内的变化

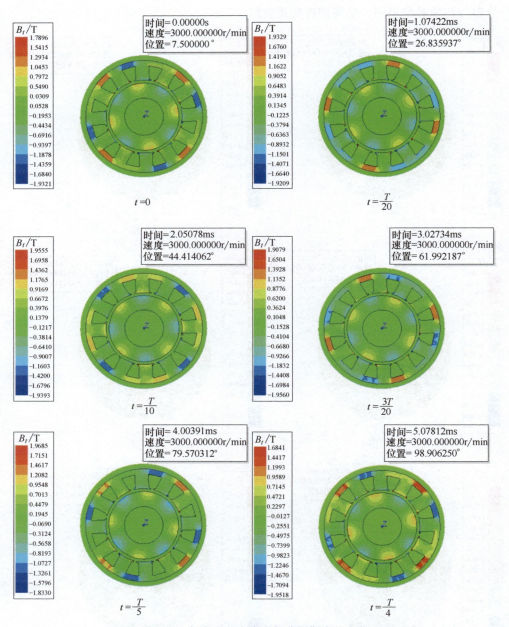

图 1-14　切向磁通密度在部分周期内的变化

1.3.2　电磁转矩及电磁力密度

电磁振动由电机气隙磁场作用于电机铁心产生的电磁力所激发，而电机气隙磁场决定于定转子绕组磁动势和气隙磁导。气隙磁场中的电磁力密度有切向和径向两个分量。其中，切向分量产生电机的电磁转矩，它使齿根部弯曲，并产生局部振动变形，是引起不平衡激振力的次要来源，如图 1-15a 所示；而径向分量会产生不平衡磁拉力，引起电机定子变形和振动，是引起不平衡激振力的主要来源，如图 1-15b 所示，且对于电机平稳运行起着决定性作用。

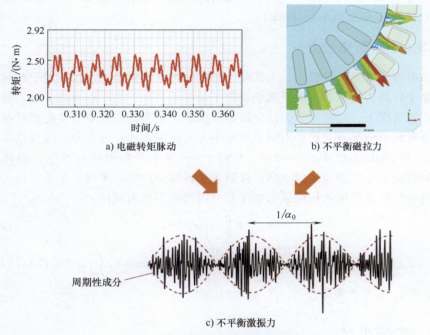

a) 电磁转矩脉动　　　　　　　　　　　b) 不平衡磁拉力

c) 不平衡激振力

图 1-15　电磁力密度与电磁转矩

提取电磁力常用的方法有虚功原理法与麦克斯韦应力张量法[5]。其中虚功原理法适用于局部电磁激振力的精确研究，而麦克斯韦应力张量法可用来分析磁力与气隙磁场谐波之间的关系。需要指出的是，麦克斯韦应力张量并不代表真正的力，只是代表电磁场的动量交换，但是它可以用来计算物体所受真正的力。

基于麦克斯韦应力张量法，永磁同步电机气隙中径向及切向电磁力密度可通过应力的形式进行表示：

$$\sigma_r(\alpha,t) = \frac{1}{2\mu}\left[B_r^2(\alpha,t) - B_t^2(\alpha,t)\right] \tag{1-7}$$

$$\sigma_t(\alpha,t) = \frac{1}{\mu}\left[B_r(\alpha,t)B_t(\alpha,t)\right] \tag{1-8}$$

式中，$\sigma_r(\alpha,\ t)$、$\sigma_t(\alpha,\ t)$ 为气隙内部电磁力密度的径向分量和切向分量（Pa）；$B_r(\alpha,\ t)$、$B_t(\alpha,\ t)$ 为气隙磁通密度的径向分量和切向分量（T）。

对沿气隙圆柱面的切向磁力密度积分可得到电磁转矩：

$$\vec{T}_e = \vec{r} \times \vec{F} = \vec{r} \times \iint \sigma_t(\alpha, t)\,\mathrm{d}S \tag{1-9}$$

$$T_e(t) = r^2 \int_0^{L_i} \int_0^{2\pi} \frac{B_r(\alpha, t) B_t(\alpha, t)}{\mu_0}\,\mathrm{d}\alpha\,\mathrm{d}z = L_i r^2 \int_0^{2\pi} \sigma_t(\alpha, t)\,\mathrm{d}\alpha \tag{1-10}$$

式中，T_e 为电磁转矩（N·m）；L_i 为转子铁心硅钢片叠层的有效轴向长度（mm）；r 为积分曲面半径（mm）。

1.3.3　不平衡磁拉力

在电机正常运转过程中，大部分电磁能通过电磁转矩的形式在定子与转子间的气隙中转换为机械功，部分磁场沿定子及转子表面产生一些力的分量。气隙均匀的理想情况下，这些电磁力的分量相互抵消，而当偏心故障或装配误差导致气隙在不对称的情况下，这些电磁力将显示为电机内部的径向合力，也称作不平衡磁拉力（Unbalanced Magnetic Pull，UMP）。一旦不平衡磁拉力产生，旋转部件将会被拉向最小气隙长度的方向，伴随着机械振动产生一系列非平稳特性[6]。

对沿气隙圆柱面的径向磁力密度积分可得到不平衡磁拉力：

$$F_{\mathrm{ump}} = \iint \sigma_r(\alpha, t)\,\mathrm{d}S \tag{1-11}$$

$$F_{\mathrm{ump}}(t) = r \cdot \int_0^{L_i} \int_0^{2\pi} \frac{[B_r^2(\alpha, t) - B_t^2(\alpha, t)]}{2\mu_0}\,\mathrm{d}\alpha\,\mathrm{d}z = L_i r \int_0^{2\pi} \sigma_r(\alpha, t)\,\mathrm{d}\alpha \tag{1-12}$$

式中，F_{ump} 为不平衡磁拉力（N）。

1.4　本章小结

本章主要介绍了旋转电机的基本参数和电磁特性，分别对同步电机及异步电机的整体结构和工作原理进行了阐述。特别强调了电磁特性研究在电机故障诊断中的重要性，通过监测电机的电磁行为，能够及时发现潜在问题。本章为后续章节的深入研究提供了一个有关旋转电机基本参数及电磁特性的背景。

参 考 文 献

［1］　黄国治，傅丰礼. 中小旋转电机设计手册 ［M］. 北京：中国电力出版社，2007.

［2］　Pyronen J，Jokinen T，Hrabovcova V. 旋转电机设计 ［M］. 柴凤，裴雨龙，于艳军，等译. 北京：机械工业出版社，2018.

［3］　郑建华. 电机控制与调速技术 ［M］. 北京：机械工业出版社，2013.

［4］　阎治安，崔新艺，苏少平. 电机学 ［M］. 2 版. 西安：西安交通大学出版社，2006.

［5］　Xu X，Han Q，Chu F．Review of electromagnetic vibration in electrical machines ［J］．Ener-gies，2018，11（7）：1779．

［6］　Li X，Bourdon A，Rémond D，et al．Angular-based modeling of unbalanced magnetic pull for analyzing the dynamical behavior of a 3-phase induction motor ［J］．Journal of Sound and Vi-bration，2021，494：115884．

第 2 章

旋转电机气隙偏心故障及
环境耦合缺陷

在理想情况下，定子和转子之间的气隙均匀，磁路对称。转子在均匀磁场中旋转，径向电磁力的总力为零。当机械、电磁、环境等因素使转子或定子表面的径向力分布不均匀时，则会产生不平衡电磁激振力，也称为不平衡磁拉力（Unbalanced Magnetic Pull，UMP）。不平衡磁拉力会引起电磁振动和噪声，加剧轴承磨损，影响转子系统的稳定性，甚至产生转子与定子之间的摩擦。因此，研究这种旋转电机气隙偏心耦合作用，是实现准确故障诊断的前提条件。从本质上讲，不平衡磁拉力的主要来源可分为机械因素和电磁因素。此外，设备与环境耦合缺陷也会造成电机内部气隙不均匀现象，产生不平衡磁拉力。本章将对旋转电机偏心故障类型进行总结，列举并介绍工程中几类常见偏心故障及环境耦合缺陷，为后续章节的理论研究提供基础。

2.1　定转子偏心产生的气隙变形

2.1.1　平行偏心故障

作为电机内部磁场能量转换的重要通道，气隙磁场的变化对电机整体性能起着决定性作用。电机内部定转子间气隙长度发生改变，会造成气隙磁场磁通密度均匀度发生改变，这种现象称作气隙变形。

电机的内部部件主要包括轴、轴承、转子、定子和绕组。定子、转子和轴承之间的错位是气隙偏心的最常见原因，根据轴向微元的偏心状况是否相同，主要分为平行偏心和轴向非均匀偏心。不同的偏心情况如图 2-1 所示。当转子轴、轴承轴和定子轴平行时，平行偏心故障可分为三类：静态偏心（Static Eccentricity，SE）、动态偏心（Dynamic Eccentricity，DE）和混合偏心（Mixed Eccentricity，ME）。

静态偏心是指转轴和转轴部件同时发生的偏心，如图 2-2 所示，静态偏心电

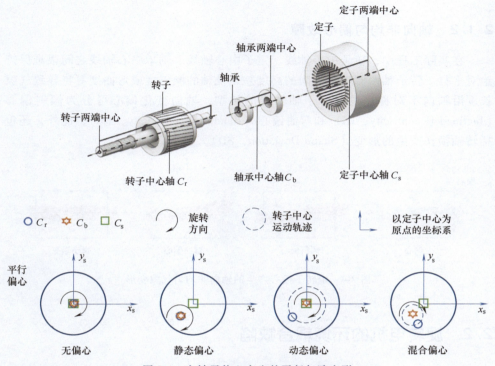

图 2-1　定转子偏心产生的平行气隙变形

机的转子转轴不在定子孔中心轴线上，且其绕自身轴线旋转。静态偏心故障一般是由制造公差、装配错位等造成的。

动态偏心是指电机内部旋转构件发生的偏心，如图 2-3 所示，但其转轴坐标不发生改变。动态偏心电机的转子不在定子孔中心，但其转动部分仍绕定子孔中心轴旋转。动态偏心故障一般是由不平衡质量负载或转轴弯曲造成的。

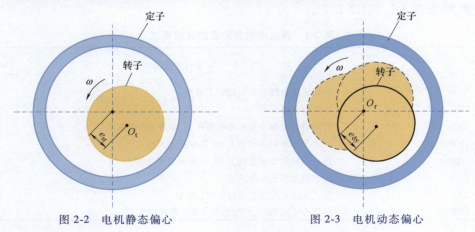

图 2-2　电机静态偏心　　　　　　图 2-3　电机动态偏心

2.1.2   轴向非均匀偏心故障

在实际工程中，转子中心轴线、定子中心轴线、轴承中心轴线之间很难保持绝对平行。转子轴两侧轴承之间的高度差以及轴的倾斜度或弯曲度等将导致气隙长度沿轴向不对称。根据转子轴轴线的类型，轴向变化偏心可分为倾斜偏心（Inclined Eccentricity，IE）和弯曲偏心（Bending Eccentricity，BE），此外，还包括转轴损伤产生的形变（Shape Deviation，SD），如图 2-4 所示。

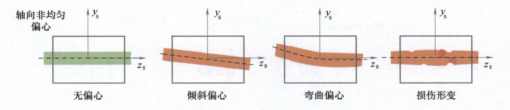

图 2-4   定转子偏心产生的轴向非均匀气隙变形

2.2   旋转电机的环境耦合缺陷

2.2.1   底座连接形式

电机的安装方式有 IMBx 和 IMVy 两种代码形式，IM（Installational Mounting type）是国际通用的安装方式代号，B 为卧式轴呈水平方向，V 为立式轴与水平方向垂直，x 和 y 各是 1~2 个数字，表示连接部位和方向。电机主轴伸端统一为 D 端，常见的卧式电机和立式电机与基础构件的连接形式分别列于表 2-1 和表2-2 中。

表 2-1   卧式电机常见底座连接形式

电机安装 代号	连接部位及 方向代号	电机安装形式
IMB	3	卧式用地脚螺栓安装固定于基座
IMB	5	卧式用凸缘安装
IMB	35	卧式借用地脚安装在基础构件上，并附用凸缘安装
IMB	6	卧式用地脚安装在墙上，从 D 端看地脚在左
IMB	7	卧式用地脚安装在墙上，从 D 端看地脚在右
IMB	8	卧式用地脚安装在顶部
IMB	15	卧式无端盖采用机座端面辅助安装
IMB	20	卧式有抬高地脚，并用地脚安装在基础构件上

表 2-2　立式电机常见底座连接形式

电机安装 代号	连接部位及 方向代号	电机安装形式
IMV	1	立式用凸缘安装,D 端朝下
IMV	15	立式用地脚安装在墙上,并用凸缘作附加安装,D 端朝下
IMV	3	立式用凸缘安装,D 端朝上
IMV	5	立式用地脚安装在墙上,D 端朝下
IMV	6	立式用地脚安装在墙上,D 端朝下
IMV	8	立式 D 端无端盖,用 D 端机座端面安装,D 端朝下
IMV	9	立式 D 端无端盖,用 D 端机座端面安装,D 端朝上
IMV	10	立式机座有凸缘并其安装,D 端朝下
IMV	16	立式机座有凸缘并其安装,D 端朝上

　　电机的机座与固定底座之间主要是通过螺栓的方式进行连接。这主要是由负载设备类型及其工作安装环境决定的。在安装电机时，螺栓预紧力会影响旋转电机系统的整体刚度，从而对电机基座模态产生影响，此类缺陷为旋转电机环境耦合缺陷中的底座连接缺陷。

　　不同类型的负载设备可能需要采用不同的安装方式，以确保设备的性能和安全性。图 2-5 是一些常见的负载设备和相应的旋转设备安装方式。在进行安装时，一般需根据具体情况采取相应的措施，确保设备能够安全、稳定地运行。

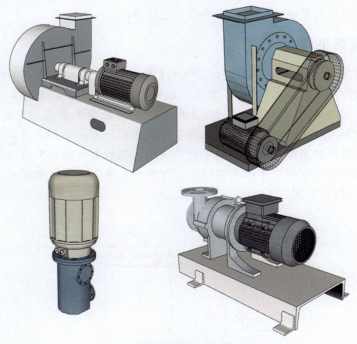

图 2-5　不同负载设备的旋转设备安装方式

2.2.2   垫片材料和尺寸

旋转电机垫片一般采用环氧树脂、橡胶类等复合材料，由于复合材料各向异性的特点，其支撑强度与多种因素有关，主要包括铺层顺序、连接几何设计和搭接形式等。常见的螺栓结构与垫片的连接方式如图 2-6 所示，复合材料本身的铺层设计及其厚度对螺栓连接的影响较大。合适的垫片尺寸可提高设备与底座之间的连接挤压强度。这主要是因为垫片外径增大，与试件的接触面积增大，从而侧向约束面增大，抑制了单搭接载荷不同轴造成的螺栓倾斜，而螺栓倾斜会导致单搭接孔边应力严重不均，从而使连接结构提前失效[2]。

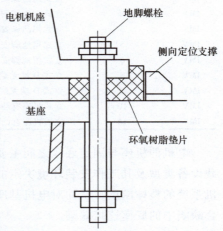

图 2-6   旋转设备螺栓结构与垫片的连接方式

此外，垫片长期受外力压迫，其机械性能在不同的老化阶段各不相同，随其刚度退化，同样会影响旋转电机系统的整体刚度，从而对电机基座模态产生影响，上述缺陷为旋转电机环境耦合缺陷中的垫片连接缺陷。

2.2.3   基础平面度

根据国家标准 GB/T 24630.1—2009《产品几何技术规范（GPS）平面度 第 1 部分：词汇和参数》，平面度，也称为平整度，被定义为实测表面高度距离理想平面的偏差。平面度是限制实际平面对其理想平面变动量的一项指标，用来控制被测实际平面的形状误差。对于安装表面而言，平面度直接影响基础与机架的贴合效果和紧固性能。理想平面是利用实测数据计算并拟合出的平面，与理想平面平行的上下两个平面在空间内包含所有测量点，这两个平面的最小距离 t 被称为公差值，如图 2-7 所示。

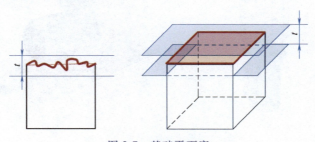

图 2-7   基础平面度

安装表面的平面度对设备的稳定性、功能和性能至关重要。因此，在安装过程中，确保准确评估、调整和验证安装表面的平面度非常重要，以确保设备能够正常运行并保持稳定。

2.3　旋转电机气隙偏心故障及环境耦合缺陷研究进展

19 世纪中期，第二次工业革命开始，人类进入电气时代。随着电力的发现并将其用作动力源以来，旋转电机作为在机械能和电能之间实现能量转换的媒介，已被开发并应用于轨道交通、航天航空、化工机械、石油冶金等各类工程领域中（见图 2-8)[3,4]。近年来，随着降低碳排放的需求，旋转机械以其高效率和电气化的发展趋势，再次迅速扩大了应用范围[5]。

a) 能源化工

b) 流程工业

c) 空压储能

d) 流体输配

图 2-8　旋转电机在工程领域的应用

为了扩展旋转设备的应用领域，必须保证电机在动态运行条件下的可靠性。根据美国电气电子工程师学会（Institute of Electrical and Electronics Engineers，IEEE）和美国电力研究院（Electric Power Research Institute，EPRI）对感应电机的故障调查[6,7]，轴承故障和转子故障约占电机总故障的50%。此两类故障都与振动问题有关，因此，旋转设备系统的振动问题是降低电机可靠性和寿命的重要因素。特别是长期在高速运转情况下，由于受各种随机因素的影响，电机可能更容易受到振动问题的影响[8,9]。

旋转电机的振动主要分为三类：机械振动、电磁振动、气动振动。得益于设计和制造水平的不断提高，对于广泛使用的中小型电机，电磁振动是主要的振动类型[10]。与其他两种振动形式不同，电磁振动主要产生在电机内部，其主要由径向不均匀的电磁激振力引起。

旋转机械一旦出现故障且未能及时发现和排除，将对能源装备系统安全平稳运行产生巨大隐患，直接或间接造成工业生产的经济损失。因此，开展旋转电机典型故障下多物理场激励机理研究具有重要的工程应用意义，可为旋转设备设计及运行阶段的可靠性判断提供理论依据与数据支撑。

2.3.1　常见气隙偏心故障来源及特性研究现状

在电机运行过程中，大部分电磁能以电磁转矩的形式从定子和转子之间的气隙转化为机械功，同时磁场中沿该区域的边界将产生一些力的分量。当气隙长度在定转子之间分布均匀时，这些力的分量可相互抵消。然而，气隙磁通密度往往无法保证完全均匀，这种气隙磁通密度不均匀、不对称性可由各种不同来源引起。通常，这些来源可分为电磁来源和机械来源，根据不同的形式又可进一步分为图2-9所示的多种激励源[11,12]。其中，电磁来源主要指定子绕组开路、绕组匝间短路、磁极不对称、绕组不对称等故障缺陷引起的[13,14]，此类故障缺陷是可以被检测并避免的[15]。然而由于制造公差或装配缺陷[16]，以及电机运行过程中的不平衡负载[17]、转轴弯曲[18]、轴承磨损[19]、电机机座振动[20]等机械来源引起的气隙磁通密度不均匀是很难避免的。在这种情况下，这些磁力分量将显示为施加在电机定转子上的径向电磁力，也称为不平衡磁拉力。一旦产生，这种径向力会将转子系统拉向最小气隙方向，加剧电机的振动水平。此外，偏心距的存在还将增大电机的电磁转矩脉动[21]，进一步影响旋转设备系统的动态稳定性。随着设备服役时间增长，这类磁致不平衡特性将对旋转设备动态稳定性产生累积的负面影响。由于气隙磁通密度分布不均匀是磁致不平衡特性产生的主要原因，因此为分析磁致不平衡特性的激励机理，必须准确模拟各类偏心条件对气隙磁通密度下的影响。

计算非对称磁场的方法可分为三类：解析法、数值法和组合法（解析法与数值法的结合）。国内外学者对气隙偏心下产生的不平衡磁拉力进行了大量研究，通常，不平衡磁拉力可以通过两种方法从磁场中获得：麦克斯韦应力张量法和虚功原理法[22,23]。Pile等人[23]对上述两种方法进行了对比分析，其中基于虚功原理法的电磁力计算方法适用于局部磁压力的精确研究，而基于麦克斯韦应力张量法的电磁力计算方法通常不能与局部磁压力严格相关，但常被用于振动声学研究。

作为电机内部磁场能量转换的重要通道，气隙磁场的变化对电机整体性能起着决定性作用。当电机内部定转子间气隙长度发生改变时，会造成气隙磁场磁通密度均匀度发生改变，这种现象称作气隙变形。根据各类机械来源导致的气隙偏心，偏心故障可分为两种不同类型，分别为静态偏心与动态偏心[24-26]。静态偏心是指转子转轴不在定子孔中心轴线上，且其绕其自身轴线旋转，一般是由制造公差、装配错位等造成的。动态偏心是指转子不在定子孔中心，但其转动部分仍绕定子孔中心轴旋转，一般是由不平衡质量负载或转轴弯曲造成的。在电机系统中，两种类型的偏心故障共存，此时气隙内部出现的偏心可定义为混合偏心[27]。

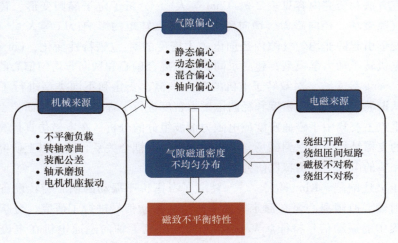

图 2-9　不平衡磁拉力的电磁来源与机械来源

由于转子和定子之间的相对条件在轴向上不是恒定的，因此还需考虑气隙偏心率的轴向变化[28,29]。轴向非均匀偏心故障可分为直轴和曲轴，在这种情况下，假设转子和定子是理想的圆柱体且是刚性的，则根据微元法，可将轴向非均匀偏心分解为多个微元，每个微元具有不同混合偏心程度，如图 2-10 所示。此外，尽管偏心类型相同，但机械来源可能不同。例如，由轴弯曲引起的动态偏心与由转子的旋转运动引起的动态离心运动不同[30]。因此，转子动力学模拟的偏心模型应包括各种偏心条件的组合，并且这些偏心条件需要根据其机械来源进行分类。

目前，有关各类偏心故障下的径向、切向电磁力以及转矩脉动等磁致不平衡特性已得到广泛研究，并通过永磁同步电机或感应电机试验机进行了验证，涉及的

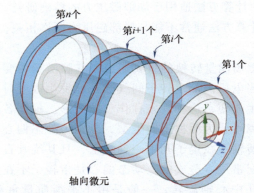

第n个

第$i+1$个 第i个

第1个

y

x

z

轴向微元

图 2-10   轴向非均匀偏心不平衡
磁拉力的微元法

相关研究方法和研究内容见表 2-3。Chai 等人[9] 分析了定子椭圆变形、转子离心变形对气隙磁场、径向磁力、切向磁力以及电磁转矩的影响；Li 等人[31] 研究了定转子变形引起的非均匀气隙内径向电磁力密度的时-空谱特性变化；Liu 等人[17] 研究了电机转子动力学模型，建立了同时考虑混合偏心和轴向非均匀偏心的组合偏心模型；Song 等人[32] 对双转子电机的磁力来源、变化和不同类型进行了深入研究，并从谐波角度对磁通密度和径向电磁力密度进行了理论分析。然而，上述研究过程的重点主要集中于磁通密度或电磁力谐波组分的分析，在电磁仿真计算中未引入电机的支撑结构。考虑到磁场与电机结构间的弱耦合关系，因此以上研究并不能被称为完整的电机不平衡特性研究。

基于上述缺陷，Kim 等人[33,34] 建立了考虑机座振动的偏心旋转设备动力学模型，对偏心故障离心泵在额定转速下产生的振动信号进行了研究，分析了电机起动过程中的振动信号特征。Wang 等人[35] 研究了轴向磁通电机在电磁激励下的振动不稳定性，建立了电机磁-固耦合的动力学模型；然而，现有的研究工作中大多仅考虑了电机一侧由电磁激振力产生的振动特性，未将旋转设备在流场中的激励源纳入系统振动噪声机理分析中。因此，为揭示磁致不平衡特性与流场激励源在旋转设备系统振动特性中的潜在关系，需要在磁-固耦合计算分析方法研究的基础上，开展旋转设备多物理场的激励机理研究，建立了一套磁-固-流多物理场耦合的旋转设备激励分析方法。

表 2-3   旋转电机偏心故障模型研究对比

研究人员	研究方法	研究内容
Chai	数值模拟+实验研究	1）研究电机高速负载下定转子椭圆变形的不平衡特性 2）分析不同气隙均匀度下的电磁力密度谐波 3）对比不同气隙状态下的电机振动频谱

（续）

研究人员	研究方法	研究内容
Li	解析法+数值模拟	1）提出叠加预测轴向变化偏心故障的方法 2）通过数值模拟的齿槽转矩和不平衡磁拉力结果与模型结果对比，验证方法的有效性
Liu	解析法+数值模拟	1）建立同时考虑混合偏心和轴向变化偏心的组合偏心模型 2）建立四自由度的转子系统动力学模型
Kim	解析法+试验研究	1）在组合偏心模型基础上引入电机机架振动 2）研究了离心泵等旋转设备在偏心故障下产生的振动的时频特性

2.3.2　典型旋转设备多物理场耦合特性研究进展

流-固耦合问题是目前多物理场、多学科交叉领域研究的热点问题之一[36-38]。自 20 世纪 70 年代流-固耦合问题提出后，耦合理论体系和数值计算方法得到了快速的发展，从二维、线性简化模型发展到三维、非线性、多样工况下的复杂模型，并广泛应用于流体机械领域的多物理场耦合分析中。

早期的流-固耦合问题大多集中在航空航天和风力机械领域。一方面是由于气动力学的起步较早，另一方面则是由于空气密度远小于结构密度，因此流体的惯性力或阻尼可忽略不计，从而给计算提供了很大的便利。然而，在流体机械领域的流-固耦合问题中，由于液体介质密度远大于空气密度，作用于叶片表面的动力黏度更大。在旋转运动中，由于边界层的流体与固体表面分离，涡体脱落后的压力脉动将会伴随着空化效应产生一系列非平稳现象，因此水力机械内的流-固耦合问题要复杂许多。

流-固耦合的迭代计算方法根据处理流场与结构场相互作用方式的不同，可以分为单向流-固耦合和双向流-固耦合，其原理图如图 2-11 所示。单向流-固耦合在求解上具有一定的先后顺序，即先求解出流场的结果，再将结果耦合到固体结构场，只考虑流体结果对固体结构的影响。双向流-固耦合是将一个时间步的流场结果计算出后，传递给固体结构场，固体结构场因流场作用下的应力应变结果再传递给流场，如此反复直至收敛，双向流-固耦合考虑流场与固体结构场之间的相互作用，其流场计算结果更加真实。两者之间的主要区别在于是否考虑结构网格变化对流场网格的影响，即结构变形后流场网格是否更新重构[39]。因此，双向流-固耦合计算量较大，由于要将求解结果数据在流场和固体结构场之间频繁的传递，因此其计算收敛也更加困难。

针对上述问题，刘胡涛[40]基于动网格方法对二维水翼的流-固耦合运动进行了数值模拟，分析并讨论了水翼涡激振动的影响；李家盛[41]基于水弹性基础理论进行了三维水翼及螺旋桨的流-固耦合特性研究，得到了弹性水翼及螺旋桨流-固耦合条件下的激励特性；何朋朋[42] 在非均匀流场中螺旋桨双向耦合仿真计算的基础上，采用声学边界元法及扇声源理论对螺旋桨的振动噪声及流致噪声进行了数值模拟，建立了流-固-声多物理场耦合计算方法；王振清[43] 开展了离心泵回流空化不稳定流动及其诱导的流-固耦合振动特性的研究，揭示了叶轮进口回流不稳定流动产生的低频特征。上述研究均对水力机械中的流-固耦合问题的解决提供了参考依据。

磁-固耦合分为弱磁-固耦合与强磁-固耦合，分类如图 2-11 所示。弱磁-固耦合是一种单向耦合，电机计算得到电磁力后再加载到电机结构模型上，没有考虑定转子变形对电磁力带来的影响。强磁-固耦合是一种双向耦合，将电磁场的电磁力与固体结构的变形量进行数据传递，考虑到气隙的变化对电磁力的影响，更加真实有效地反映出电机运行工况下电磁力的变化及其对气隙变形产生的影响[44]。

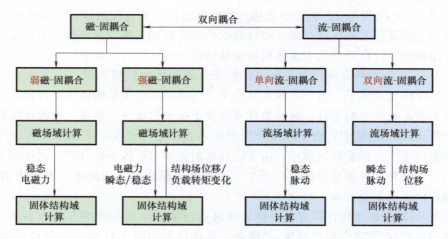

图 2-11　旋转设备多场耦合分类

近年来，随着离心泵功率的增大和转速的提高，转子不稳定问题凸显，许多学者对转轴偏心故障下离心泵的非平稳流动特性进行了研究，以求快速有效地确定和消除故障。Tao 等人[45] 发现，当忽略叶轮偏心时，数值模拟无法正确预测压力脉动的频率。Cao 等人[46] 研究了非对称叶片离心泵的水力特性，结果发现叶轮偏心会降低叶轮的径向力；Li 等人[47] 研究了混流泵内不稳定流动现象，结果表明偏心叶轮增大了水力损失和湍流动能耗散。Zhao 等人[48] 研究发现叶轮偏心导致出口段径向力变化，并且偏心导致空化作用增强，影响了泵体的工作稳定性。Yu 等人[49] 研究了叶轮偏心效应对离心泵水力特性的影响，结果表明叶轮偏心效应显著影响流动诱导力的轴频幅值，且幅值与偏心率成比例。综上所述，叶轮的非平稳特性所产生的流动诱导力会对旋转设备水力性能产生一定影响。

作为旋转设备的主要动力来源，旋转电机磁场的不平衡特性不仅引起结构场的不平衡特性，而且进一步恶化旋转设备中的流场不平衡特性，图 2-12 显示了磁场、结构场和流场之间相互影响的复杂耦合关系。然而，现有的耦合仿真计算大多未涉及或考虑来自旋转设备驱动电机的磁致不平衡特性。电机由于气隙变形导致的不平衡磁拉力未得到充分考虑。电磁转矩作为流体机械动力的主要来源，其脉动特性对水力性能的影响也未得到足够重视。因此需要建立一种特征分析方法以揭示电磁场、流场中多种激励源作用下的旋转设备激励机理以及磁致不平衡特性在各物理场之间的传递机制。

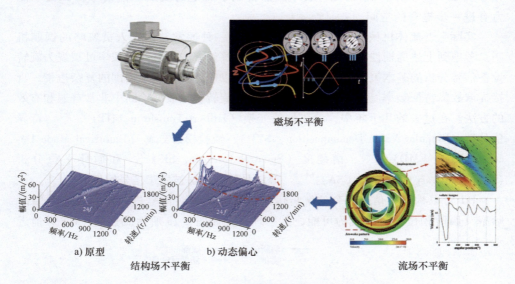

图 2-12　旋转设备磁-固-流多场耦合机制

2.3.3　旋转设备故障诊断技术的研究进展

在旋转设备故障诊断技术中，故障特征信息的提取是实现设备状态或故障准确监测的关键[50]。旋转机械运行过程中，受到周围环境中的温度、湿度、压力及其他因素的影响，其振动信号往往会表现出很强的非平稳、非线性特点。由于背景噪声及激励源的复杂性，传统的快速傅里叶变换（Fast Fourier Transform，FFT）无法提取旋转设备的特征信息，包括轴频率、叶频及其谐波。时频分析（Time-frequency Analysis，TFA）是一种用于描述非平稳信号的变换方法，将二维时域信号变换为三维时频域信号，不仅可以保留非平稳信号的频率成分，还可以揭示频率的时间变化特性。目前，国内外学者已经提出了各种时频分析方法，并将其引入旋转机械的故障诊断中[51-53]。通常，时频方法可分为两类，包括线性时频方法和二次时频方法[54]。线性时频方法，包括短时傅里叶变换（Short-time Fourier Transform，STFT）、小波变换（Wavelet Transform，WT）。然而，STFT中无法依据信号不同的频带进行窗的变换。WT中的小波基同样缺乏一定的自适应性，两者都受到海森堡不确定性原理的限制[55]，无法同时实现精确的时间分辨率及良好的频率分辨率。二次时频方法源于维格纳-威尔分布（Wigner-Ville Distribution，WVD）[56]，由于WVD方法涉及信号的二重积分和二次项，因此多组分之间存在交叉项干扰。一些干扰抑制方法可以抑制交叉项，但会降低时频分辨率[57]。因此，信号处理技术虽然得到了一定的发展，但信号特征提取能力有进一步提升的空间。

实际上，流体机械的信号形成过程中包含一种通常被研究人员忽略的调制机制。考虑到上述周期性分量的调制作用，通过解调方法提取特征频率可被视为旋转设备信号分析的基本策略。其中，幅值解调可以避免共振频率周围的复杂边带，直接提取故障特征频率。因此，幅值解调已成为旋转机械故障诊断中非常普遍和有效的方法。在过去的几十年中，希尔伯特变换（Hilbert Transform，HT）[58,59]、奇异值分解（Singular Value Decomposition，SVD）、经验模态分解（Empirical Mode Decomposition，EMD）[60-62]、谱峭度（Spectral Kurtosis，SK）[63]和循环平稳分析（Cyclostationary Analysis，CSA）[64-66]等信号处理方法被用于信号解调。

HT可以构建实信号序列的解析信号，从而使得对信号进行瞬时幅度和瞬时频率（瞬时相位）计算成为可能，其物理意义如图2-13所示。然而，HT只能近

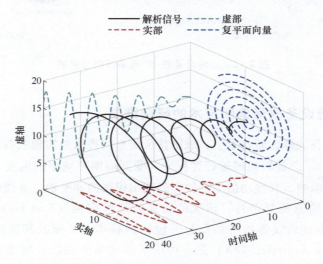

图 2-13　希尔伯特变换物理意义图

似地应用于窄带信号，对任意给定的 t 时刻，通过 HT 运算得到的结果只能存在一个频率，即只能处理任何时刻为单一频率的信号。对于非平稳的信号序列，HT 得到的结果很大程度上失去了原有的物理意义。

SVD 是一种强大的矩阵处理方法，可将一个实数矩阵分解成两个正交矩阵和一个对角矩阵的乘积。SVD 是线性代数中的经典问题，该方法在旋转机械故障检测中得到了广泛的应用，是很多算法的基石。然而在严重背景噪声干扰下，SVD 无法准确有效地选取特征值个数。

EMD 是通过将非平稳信号分解为一系列突出信号局部特征的内蕴模态分量（Intrinsic Mode Functions，IMF）。然而，为了有效提取故障特征，需要进一步关注筛分迭代停止标准等问题。此外，在信噪比（Signal to Noise Ratio，SNR）低的情况下，EMD 的分解结果还存在模态混叠的问题[67,68]。模态混叠的出现不仅会导致错假的时频分布，也会使 IMF 失去物理意义。

SK 是一种非常强大的信号分析技术[69,70]，且在旋转机械的故障诊断中得到了相当大的关注。Wang 等人[71]总结了 SK 技术及其在旋转机械故障诊断中的应用。Antoni[72]开发了快速谱峭图（Fast Kurtogram，FK）算法来提高计算效率。然而，SK 同样面临在信噪比较低或存在非高斯噪声的情况下失效的问题。此外，基于 SK 的方法本质上是窄带解调方法，而旋转设备的激励源产生的载波信号在频域上大多呈现宽带分布[73]，因此该方法还需进一步改进。

如果一个时间序列的一阶和二阶矩（即均值和自协方差函数）是周期性的，那么它就被称为循环平稳（Cyclostationary，CS）[74]。通常，CS 信号的一阶和二阶统计量具有不同的贡献和结构。在疲劳或故障情况下，旋转机械不会产生固定的信号，表现为循环平稳特性，即其信号模型由周期性信号与一定程度的随机性信号和噪声信号组成[75]。Priestley[76]指出，可以将任何非平稳过程分解为周期性部分和随机性部分，如果能将周期性成分与随机性成分分离开来，信号分析的效率会更高。

近年来，循环平稳分析在机械故障诊断领域得到了广泛的应用。相比之下，循环平稳分析更容易进行，复杂度更低[77]。循环平稳性的理论框架和有效性已由 Antoni[78]提出并成功验证。将非平稳振动响应定义为二阶循环平稳信号，从统计特征的角度对故障特征进行周期调制。例如，从具有机械故障的旋转机械中测量到的振动信号，如转子断轴[79]、齿轮磨损[80]、轴承故障[81]，甚至空化故障[82,83]，都表现出高度的循环平稳性，可以指示旋转机械的运行状况。因此，循环平稳分析方法被公认为识别旋转机械故障特征的有效解调工具。其中，循环调制谱（Cyclic Modulation Spectrum，CMS）及快速谱相关（Fast Spectral Correlation，Fast-SC）算法是两种经典的循环平稳分析工具。然而，由于上述方法计算量较大，无法满足实时监测的时效性，因此没有得到足够的关注，这主要是对时频矩阵各组分的处理的复杂性引起的。

针对这一缺陷，一些学者提出了各种针对单组分的增强故障识别方法，以提取隐藏在背景噪声中的微弱故障特征。基于 Teager-Kaiser 能量算子（Teager-Kaiser Energy Operator，TKEO）的提出与应用，Wang 等人[84] 提出了 CMS-TKEO 算法，对 CMS 及 Fast-SC 进行改进，将 STFT 处理后的频谱成分转换为一系列单载波信号，在诊断滚动轴承缺陷方面表现更好。对于转速变化的旋转设备非平稳信号，Zhang 等人[85] 提出了一种基于 Vold-Kalman 滤波器分离信号单组分的时频后处理方法，通过叠加所有单组分时频后处理结果，解决了非平稳信号时频模糊问题，提高了时频谱的可读性。多元统计理论中的主成分分析（Principal Component Analysis，PCA）法可提取故障样本集的特征成分，从而实现样本的压缩与降维[86]。此外，粗糙集（Rough Set，RS）理论在寻找最小属性集的过程中也可去除原始信号中的冗余属性，达到数据降维的目的[87]。针对循环平稳信号，Song 等人[88] 提出了一种基于时频分析和主成分分析法的解调方法，并将其应用于螺旋桨[89]、离心泵[90] 等旋转设备及永磁同步电机[91] 的调制频率提取。相较于传统的信号处理方法，基于数据降维方法的信号解调算法可获得更高精度的信号调制信息，该方法在旋转机械领域中具有巨大的应用潜力。

在特征提取基础上可进一步进行故障诊断，常用的方法是利用信号特征提取方法获取的某些属性，建立故障与属性之间的某种逻辑关系，这些属性可以从本质上描述信号。在机器学习领域中，这些属性也被称为特征或标签。基于机器学习的故障检测主要分为两类，包括基于图像的检测和基于特征的检测。人工神经网络[92,93]、专家系统[94]、聚类分析[95]、支持向量机[96,97] 及深度学习[98-100] 等理论均已在旋转机械设备故障诊断领域中取得较好的应用效果。然而，这些方法面临着诊断模型不通用、模型训练成本高以及需要大量故障样本等问题。此外，现有的旋转设备故障诊断研究中，不同设备状态/故障的特征值与激励之间的逻辑关系未得到充分揭示，一些旋转设备多源信号中隐藏的关键激励机理还需进一步的提取和研究，故障特征的选取方法对诊断模型的优化也具有重要意义。

2.3.4 现有研究存在的问题

旋转设备的动力学模型的建立是保障旋转设备安全运行的基础，具有重要的工程与理论价值。在外部激励产生的旋转磁场作用下，旋转设备内部将产生驱动其运转的电磁力，同时在外部环境多种因素的影响下，产生的激振力可能会对旋转设备的寿命和动态稳定性带来潜在风险。

然而，现有对旋转设备动力学模型的研究中普遍存在系统耦合程度不高的缺陷，即传统动力学建模仅考虑轴系的传递特性，依照链状结构将系统划分为一个个简单的动力学特性元件，缺少环境变量耦合，如未考虑基础平面度、机座与底面的接触形式等缺陷。此外，传统气隙偏心模型也未建立起磁通密度、电磁力、振动之间的联系，建立的系统动力学模型求解出的固有频率及模态振型结果与实验测量结果存在较大偏差。因此，需要建立一种旋转设备与环境耦合的动力学模型以提高对电机系统的固有频率及模态振型的预测精度。

由气隙磁通密度不均匀分布产生的不平衡磁拉力是影响旋转电机平稳运行的重要因素，随着设备服役时间增长，这类电机的不平衡特性将对旋转设备动态稳定性产生累积的负面影响。因此为揭示电机内部不平衡特性的激励机理，还需要建立一种气隙与结构耦合的电磁分析模型。

在"工业 4.0"背景下，各类能源装备旋转机械正在向集成化、数字化和智能化方向发展，同时对健康状态识别与预测方法的智能性、准确性、自适应性和工程实用性等提出了更高的要求。如何通过对典型能源装备旋转机械多场特征的提取及分析，揭示信号特征与系统状态的关联性逻辑关系，是旋转机械故障诊断领域面临的机遇与挑战。基于多源信号的调制特征诊断分析方法正是这样的一种技术，在节省模型训练样本的同时，解决诊断模型不通用的问题，对解决工程问题中典型能源装备系统的状态识别及风险预警等具有重要指导意义。

2.4　本章小结

本章内容包括气隙偏心故障及环境耦合缺陷的概念、常见气隙偏心故障来源及特性研究现状、多物理场耦合条件下的典型旋转设备研究进展、旋转设备诊断技术研究进展，分析概括了现有研究存在的问题，旨在夯实本书研究内容的基础。

参 考 文 献

[1] 陈金刚. 笼型三相异步电动机绕组烧毁故障分析 [J]. 防爆电机，2019，54（3）：47-49.

[2] 张新异，孔海娟，胡之峰，等. 垫片尺寸对碳纤维复合材料螺栓连接单搭接挤压强度影响研究 [J]. 复合材料科学与工程，2020（5）：53-62.

[3] 钟秉林，黄仁. 机械故障诊断学 [M]. 北京：机械工业出版社，1997.

［4］ 齐小轩. 机械故障特征提取及性能退化评估方法研究［M］. 北京：科学出版社，2021.

［5］ Li Z, Che S, Wang P, et al. Implementation and analysis of remanufacturing large-scale asynchronous motor to permanent magnet motor under circular economy conditions［J］. Journal of Cleaner Production, 2021, 294: 126233.

［6］ Institute of Electrical and Electronics Engineers. IEEE recommended practice for the design of reliable industrial and commercial power systems［S］. IEEE Std 493-2007 (Revision of IEEE Std 493-1997), 2007: 1-383.

［7］ Albrecht P, Appiarius J, Cornell E, et al. Assessment of the reliability of motors in utility applications［J］. IEEE Transactions on Energy Conversion, 1987, EC-2 (3): 396-406.

［8］ 梁茂檀. 多部件耦合高速转子动力特性演变机理研究［D］. 西安：西安电子科技大学，2022.

［9］ Chai F, Li Y, Pei Y, et al. Analysis of radial vibration caused by magnetic force and torque pulsation in interior permanent magnet synchronous motors considering air-gap deformations［J］. IEEE Transactions on Industrial Electronics, 2019, 66 (9): 6703-6714.

［10］ Xu X, Han Q, Chu F. Review of electromagnetic vibration in electrical machines［J］. Energies, 2018, 11 (7): 1779.

［11］ Choi S, Haque M S, Tarek M T B, et al. Fault diagnosis techniques for permanent magnet ac machine and drives—a review of current state of the art［J］. IEEE Transactions on Transportation Electrification, 2018, 4 (2): 444-463.

［12］ Kim H. Effects of unbalanced magnetic pull on rotordynamics of electric machines［D］. Lappeenranta: Lappeenranta-Lahti University of Technology LUT, 2021.

［13］ Goktas T, Zafarani M, Akin B. Discernment of broken magnet and static eccentricity faults in permanent magnet synchronous motors［J］. IEEE Transactions on Energy Conversion, 2016, 31 (2): 578-587.

［14］ Islam M S, Islam R, Sebastian T. Noise and vibration characteristics of permanent-magnet synchronous motors using electromagnetic and structural analyses［J］. IEEE Transactions on Industry Applications, 2014, 50 (5): 3214-3222.

［15］ Abd-El-Malek M, Abdelsalam A K, Hassan O E. Induction motor broken rotor bar fault location detection through envelope analysis of start-up current using hilbert transform［J］. Mechanical Systems and Signal Processing, 2017, 93: 332-350.

［16］ Galfarsoro U, McCloskey A, Zarate S, et al. Influence of manufacturing tolerances and eccentricities on the unbalanced magnetic pull in permanent magnet synchronous motors［J］. IEEE Transactions on Industry Applications, 2022, 58 (3): 3497-3510.

［17］ Liu F, Xiang C, Liu H, et al. Model and experimental verification of a four degrees-of-freedom rotor considering combined eccentricity and electromagnetic effects［J］. Mechanical Systems and Signal Processing, 2022, 169: 108740.

［18］ Tong X, Palazzolo A. Tilting pad gas bearing induced thermal bow- rotor instability (morton effect)［J］. Tribology International, 2018, 121: 269-279.

[19]　Jiang F, Zhu Z, Li W, et al. Fault identification of rotor-bearing system based on ensemble empirical mode decomposition and self-zero space projection analysis [J]. Journal of Sound and Vibration, 2014, 333 (14): 3321-3331.

[20]　Li Q, Li L, Huang S. Research on vibration characteristics for the system of large pipeline motor and it's fixing base bracket [C]. 2015 18th International Conference on Electrical Machines and Systems (ICEMS).

[21]　Liu X, Zhang Y, Wang X. Electromagnetic torque analysis of permanent magnet toroidal motor with planet eccentricity [C]. 2021 24th International Conference on Electrical Machines and Systems (ICEMS).

[22]　Salah A A, Dorrell D G, Guo Y. A review of the monitoring and damping unbalanced magnetic pull in induction machines due to rotor eccentricity [J]. IEEE Transactions on Industry Applications, 2019, 55 (3): 2569-2580.

[23]　Pile R, Devillers E, Le Besnerais J. Comparison of main magnetic force computation methods for noise and vibration assessment in electrical machines [J]. IEEE Transactions on Magnetics, 2018, 54 (7): 1-13.

[24]　常悦. 基于振动信号分析的感应电机气隙偏心故障诊断的研究 [D]. 杭州: 浙江大学, 2016.

[25]　岳二团. 永磁同步电机气隙偏心故障分析及不平衡补偿控制 [D]. 杭州: 浙江大学, 2014.

[26]　周洋. 感应电机气隙偏心分析及故障检测有效性研究 [D]. 合肥: 合肥工业大学, 2021.

[27]　Ebrahimi B M, Faiz J, Roshtkhari M J. Static-, dynamic-, and mixed-eccentricity fault diagnoses in permanent-magnet synchronous motors [J]. IEEE Transactions on Industrial Electronics, 2009, 56 (11): 4727-4739.

[28]　Li Y X, Zhu Z Q. Cogging torque and unbalanced magnetic force prediction in pm machines with axial-varying eccentricity by superposition method [J]. IEEE Transactions on Magnetics, 2017, 53 (11): 1-4.

[29]　Di C, Bao X, Wang H, et al. Modeling and analysis of unbalanced magnetic pull in cage induction motors with curved dynamic eccentricity [J]. IEEE Transactions on Magnetics, 2015, 51 (8): 1-7.

[30]　Dorrell D G. Sources and characteristics of unbalanced magnetic pull in three-phase cage induction motors with axial-varying rotor eccentricity [J]. IEEE Transactions on Industry Applications, 2011, 47 (1): 12-24.

[31]　Li Y, Chai F, Song Z, et al. Analysis of vibrations in interior permanent magnet synchronous motors considering air-gap deformation [J]. Energies, 2017, 10 (9): 1259.

[32]　Song Z, Liu C, Zhao H. Investigation on magnetic force of a flux-modulated double-rotor permanent magnet synchronous machine for hybrid electric vehicle [J]. IEEE Transactions on Transportation Electrification, 2019, 5 (4): 1383-1394.

［33］　Kim H，Posa A，Nerg J，et al. Vibration effect by unbalanced magnetic pull in a centrifugal pump with integrated permanent magnet synchronous motor［C］. 10th International Conference on Rotor Dynamics-IFToMM. Cham：Springer International Publishing，2019：221-233.

［34］　Kim H，Posa A，Nerg J，et al. Analysis of electromagnetic excitations in an integrated centrifugal pump and permanent magnet synchronous motor［J］. IEEE Transactions on Energy Conversion，2019，34（4）：1759-1768.

［35］　Wang Z，Wang S，Liu J. Mechanical-magnetic coupling vibration instability of an annular rotor subjected to synchronous load in axial-flux permanent magnet motors［J］. Journal of Sound and Vibration，2020，486：115535.

［36］　朱启培. 基于流固耦合的离心泵叶轮动态特性分析［D］. 武汉：武汉工程大学，2023.

［37］　周晓润. 基于流固耦合的立式轴流泵转子结构力学特性分析［D］. 扬州：扬州大学，2023.

［38］　许新勇，许文杰，张程，等. 基于界面数据交换的风电基础流固耦合损伤机理研究［J］. 应用基础与工程科学学报，2023，31（5）：1125-1139.

［39］　饶昆. 基于流固耦合的多级离心泵非定常流动特性及诱导振动分析［D］. 杭州：浙江理工大学，2016.

［40］　刘胡涛. 基于流固耦合的水翼涡激振动数值研究［D］. 上海：上海交通大学，2016.

［41］　李家盛. 螺旋桨和水翼流固耦合机理与计算方法研究［D］. 上海：上海交通大学，2018.

［42］　何朋朋. 船用复合材料螺旋桨流固声耦合特性数值研究［D］. 武汉：武汉理工大学，2019.

［43］　王振清. 离心泵回流空化流固耦合及振动特性研究［D］. 镇江：江苏大学，2020.

［44］　焦致远. 机电液耦合器多场耦合分析［D］. 青岛：青岛大学，2022.

［45］　Tao R，Xiao R，Liu W. Investigation of the flow characteristics in a main nuclear power plant pump with eccentric impeller［J］. Nuclear Engineering and Design，2018，327：70-81.

［46］　Weidong C，Lingjun Y，Bing L，et al. The influence of impeller eccentricity on centrifugal pump［J］. Advances in Mechanical Engineering，2017，9（9）：1687814017722496.

［47］　Li W，Ji L，Shi W，et al. Numerical investigation of internal flow characteristics in a mixed-flow pump with eccentric impeller［J］. Journal of the Brazilian Society of Mechanical Sciences and Engineering，2020，42（9）：458.

［48］　Zhao Y，Wang X，Zhu R. Effect of eccentricity on radial force and cavitation characteristics in the reactor coolant pump［J］. Thermal Science，2021，25（5 Part A）：3269-3279.

［49］　Yu T，Shuai Z，Jian J，et al. Numerical study on hydrodynamic characteristics of a centrifugal pump influenced by impeller-eccentric effect［J］. Engineering Failure Analysis，2022，138：106395.

［50］　Bently D E，Hatch C T. 旋转机械诊断技术 ［M］. 姚红良，译. 北京：机械工业出版
社，2014.

［51］　Cohen L. Time-frequency distributions-a review ［J］. Proceedings of the IEEE，1989，77
（7）：941-981.

［52］　Sejdić E，Djurović I，Jiang J. Time-frequency feature representation using energy concentra-
tion：an overview of recent advances ［J］. Digital Signal Processing，2009，19 （1）：
153-183.

［53］　Yang Y，Peng Z，Zhang W，et al. Parameterised time-frequency analysis methods and their
engineering applications：a review of recent advances ［J］. Mechanical Systems and Signal
Processing，2019，119：182-221.

［54］　Hlawatsch F，Boudreaux-Bartels G F. Linear and quadratic time-frequency signal representa-
tions ［J］. IEEE Signal Processing Magazine，1992，9 （2）：21-67.

［55］　Busch P，Heinonen T，Lahti P. Heisenberg's uncertainty principle ［J］. Physics Reports，
2007，452 （6）：155-176.

［56］　Qian S，Chen D. Decomposition of the wigner-ville distribution and time-frequency distribu-
tion series ［J］. IEEE Transactions on Signal Processing，1994，42 （10）：2836-2842.

［57］　Feng Z，Liang M，Chu F. Recent advances in time-frequency analysis methods for machinery
fault diagnosis：a review with application examples ［J］. Mechanical Systems and Signal Pro-
cessing，2013，38 （1）：165-205.

［58］　Feldman M. Hilbert transform in vibration analysis ［J］. Mechanical Systems and Signal Pro-
cessing，2011，25 （3）：735-802.

［59］　Cheng J，Yang Y，Yu D. The envelope order spectrum based on generalized demodulation
time-frequency analysis and its application to gear fault diagnosis ［J］. Mechanical Systems
and Signal Processing，2010，24 （2）：508-521.

［60］　Lei Y，Lin J，He Z，et al. A review on empirical mode decomposition in fault diagnosis of
rotating machinery ［J］. Mechanical Systems and Signal Processing，2013，35 （1）：
108-126.

［61］　Yang W，Tavner P J. Empirical mode decomposition，an adaptive approach for interpreting
shaft vibratory signals of large rotating machinery ［J］. Journal of Sound and Vibration，
2009，321 （3）：1144-1170.

［62］　Lei Y，He Z，Zi Y. Application of the EEMD method to rotor fault diagnosis of rotating ma-
chinery ［J］. Mechanical Systems and Signal Processing，2009，23 （4）：1327-1338.

［63］　Wang T，Chu F，Han Q，et al. Compound faults detection in gearbox via meshing resonance
and spectral kurtosis methods ［J］. Journal of Sound and Vibration，2017，392：367-381.

［64］　Antoni J. Cyclic spectral analysis of rolling-element bearing signals：facts and fictions ［J］.
Journal of Sound and Vibration，2007，304 （3）：497-529.

［65］　Antoni J. Cyclostationarity by examples ［J］. Mechanical Systems and Signal Processing，
2009，23 （4）：987-1036.

［66］ Cheong C, Joseph P. Cyclostationary spectral analysis for the measurement and prediction of wind turbine swishing noise ［J］. Journal of Sound and Vibration, 2014, 333 (14): 3153-3176.

［67］ Gao Y, Ge G, Sheng Z, et al. Analysis and solution to the mode mixing phenomenon in emd ［C］. 2008 Congress on Image and Signal Processing.

［68］ Hu X, Peng S, Hwang W-L. EMD revisited: a new understanding of the envelope and resolving the mode-mixing problem in am-fm signals ［J］. IEEE Transactions on Signal Processing, 2012, 60 (3): 1075-1086.

［69］ Dwyer R. Detection of non-gaussian signals by frequency domain kurtosis estimation ［C］. ICASSP'83. IEEE International Conference on Acoustics, Speech, and Signal Processing.

［70］ Dwyer R. Use of the kurtosis statistic in the frequency domain as an aid in detecting random signals ［J］. IEEE Journal of Oceanic Engineering, 1984, 9 (2): 85-92.

［71］ Wang Y, Xiang J, Markert R, et al. Spectral kurtosis for fault detection, diagnosis and prognostics of rotating machines: a review with applications ［J］. Mechanical Systems and Signal Processing, 2016, 66-67: 679-698.

［72］ Antoni J. Fast computation of the kurtogram for the detection of transient faults ［J］. Mechanical Systems and Signal Processing, 2007, 21 (1): 108-124.

［73］ Wu K, Chu N, Wu D, et al. The enkurgram: a characteristic frequency extraction method for fluid machinery based on multi-band demodulation strategy ［J］. Mechanical Systems and Signal Processing, 2021, 155: 107564.

［74］ Zakaria F A, Maiz S, El Badaoui M, et al. First- and second-order cyclostationary signal separation using morphological component analysis ［J］. Digital Signal Processing, 2016, 58: 134-144.

［75］ 宋永兴. 基于主成分分析的水力旋转机械低频声特征提取方法研究 ［D］. 杭州: 浙江大学, 2019.

［76］ Priestley M B. Spectral analysis and time series ［M］. New York: Academic Press, 1981.

［77］ Borghesani P, Antoni J. CS2 analysis in presence of non-gaussian background noise - effect on traditional estimators and resilience of log-envelope indicators ［J］. Mechanical Systems and Signal Processing, 2017, 90: 378-398.

［78］ Antoni J, Xin G, Hamzaoui N. Fast computation of the spectral correlation ［J］. Mechanical Systems and Signal Processing, 2017, 92: 248-277.

［79］ Guven Y, Atis S. Implementation of an embedded system for real-time detection of rotor bar failures in induction motors ［J］. ISA Transactions, 2018, 81: 210-221.

［80］ Pang S, Yang X, Zhang X, et al. Fault diagnosis of rotating machinery with ensemble kernel extreme learning machine based on fused multi-domain features ［J］. ISA Transactions, 2020, 98: 320-337.

［81］ Albezzawy M N, Nassef M G, Sawalhi N. Rolling element bearing fault identification using a novel three-step adaptive and automated filtration scheme based on gini index ［J］. ISA

Transactions，2020，101：453-460.

[82] Panda A K, Rapur J S, Tiwari R. Prediction of flow blockages and impending cavitation in centrifugal pumps using support vector machine（SVM）algorithms based on vibration measurements［J］. Measurement，2018，130：44-56.

[83] Song Y, Hou R, Liu Z, et al. Cavitation characteristics analysis of a novel rotor-radial groove hydrodynamic cavitation reactor［J］. Ultrasonics Sonochemistry，2022，86：106028.

[84] Wang Z, Yang J, Li H, et al. Improved cyclostationary analysis method based on TKEO and its application on the faults diagnosis of induction motors［J］. ISA Transactions，2022（128）：513-530.

[85] Zhang D, Feng Z. Enhancement of time-frequency post-processing readability for nonstationary signal analysis of rotating machinery：principle and validation［J］. Mechanical Systems and Signal Processing，2022，163：108145.

[86] Maćkiewicz A, Ratajczak W. Principal components analysis（PCA）［J］. Computers & Geosciences，1993，19（3）：303-342.

[87] Pawlak Z. Rough set theory and its applications to data analysis［J］. Cybernetics and Systems，1998，29（7）：661-688.

[88] Song Y, Liu J, Chu N, et al. A novel demodulation method for rotating machinery based on time-frequency analysis and principal component analysis［J］. Journal of Sound and Vibration，2019，442：645-656.

[89] Song Y, Liu J, Cao L, et al. Robust passive underwater acoustic detection method for propeller［J］. Applied Acoustics，2019，148：151-161.

[90] Liu Z, Song Y, Liu J, et al. Modulation characteristics of multi-physical fields induced by air-gap eccentricity faults for typical rotating machine［J］. Alexandria Engineering Journal，2023，83：122-133.

[91] Song Y, Liu Z, Hou R, et al. Research on electromagnetic and vibration characteristics of dynamic eccentric PMSM based on signal demodulation［J］. Journal of Sound and Vibration，2022，541：117320.

[92] 卓鹏程. 基于神经网络与集成学习的旋转机械设备故障诊断研究［D］. 上海：上海交通大学，2021.

[93] 刘少清. 基于神经网络的旋转机械故障诊断及模型迁移方法研究［D］. 合肥：中国科学技术大学，2022.

[94] 孙盛桃. 基于移动终端的旋转机械故障诊断专家系统［D］. 武汉：华中科技大学，2020.

[95] 杨雨晴. 面向旋转机械故障诊断的聚类技术研究［D］. 太原：太原科技大学，2022.

[96] 徐雪娇. 基于支持向量机的旋转机械振动故障诊断研究［D］. 大庆：东北石油大学，2016.

[97] 吕中亮. 基于变分模态分解与优化多核支持向量机的旋转机械早期故障诊断方法研究［D］. 重庆：重庆大学，2016.

［98］ 吴春志，冯辅周，吴守军，等．深度学习在旋转机械设备故障诊断中的应用研究综述
［J］．噪声与振动控制，2019，39（5）：1-7．

［99］ 邵思羽．基于深度学习的旋转机械故障诊断方法研究［D］．南京：东南大学，2019．

［100］ 陈晶城．基于深度学习的旋转机械智能故障诊断算法研究［D］．北京：北京交通大
学，2021．

第 3 章

旋转设备结构耦合动力学模型研究

　　旋转设备结构耦合动力学模型研究是一项重要的基础性研究课题。在旋转设备运行过程中，一方面，由于装配公差、偏心故障导致的气隙不均匀，电机内部产生的不平衡电磁激振力作用在定转子表面，加剧旋转设备的振动水平；另一方面，由于旋转设备振动与安装环境存在耦合关系，其垫片尺寸或材料、底座结构、平面度等引起的电机振动同样对气隙不均匀产生影响。因此，通过系统动力学研究，建立旋转设备振动与环境的耦合动力学模型，是实现旋转设备振动性能预测的前提条件。本章主要列举旋转电机不平衡磁拉力的计算原理及方法，根据计算的电磁激振力，研究卧式电机及立式电机的"底座-垫片-电机"动力学模型及"结构-气隙"耦合模型的建立方法。

3.1　不平衡磁拉力的计算原理

3.1.1　直接积分法——麦克斯韦应力张量法

　　麦克斯韦应力张量（Maxwell Stress Tensor，MST）法描述了电流和磁场之间的相互作用关系及磁通密度在定转子表面的分布情况[1]。采用麦克斯韦应力张量法对不平衡磁拉力进行求解，其主要过程如图 3-1 所示。首先，通过解析公式获得旋转电机定子和转子的磁动势（Magnet-Motive Force，MMF），其次，通过气隙偏心模型获得气隙磁导 $\Lambda(\alpha, t)$，计算气隙磁通密度分布 $B_\delta(\alpha, t)$。最终，作用在定子或转子上的不平衡磁拉力可通过对包围定子或转子的封闭表面上的麦克斯韦应力张量积分得到。

　　气隙磁导率是指磁场在气隙中传播的能力，在旋转电机中，气隙磁导率的大小直接影响设备的性能和效率。偏心故障下，气隙磁导率与气隙长度的关系表达式如下：

$$\Lambda(\alpha,t) = \frac{\mu_0}{\delta(\alpha,t)} \tag{3-1}$$

式中，Λ 为气隙磁导率（H）；μ_0 为真空磁导率；$\delta(\alpha, t)$ 为气隙长度（m）；α

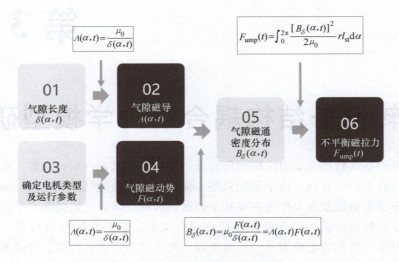

图 3-1　直接积分法求解过程

为机械角（rad）；t 为时间（s）。

气隙磁通密度分布可表示为偏心气隙磁导率与气隙总磁动势的乘积，计算表达式如下：

$$B_\delta(\alpha,t)=\Lambda(\alpha,t)F(\alpha,t) \tag{3-2}$$

式中，B_δ 为气隙磁通密度（T）；F 为气隙磁动势（A）；B_δ 和 F 均为关于时间和空间变化的二维矩阵。

通过气隙磁通密度的时-空分布的求解，根据麦克斯韦应力张量法，可得到转子表面的麦克斯韦应力张量，其切向及法向分量如下：

$$\sigma_r(\alpha,t)=\frac{1}{2\mu_0}\left[B_r^2(\alpha,t)-B_t^2(\alpha,t)\right] \tag{3-3}$$

$$\sigma_t(\alpha,t)=\frac{1}{\mu_0}\left[B_r(\alpha,t)B_t(\alpha,t)\right] \tag{3-4}$$

式中，σ_r 为径向电磁力密度（Pa）；σ_t 为切向电磁力密度（Pa）；B_r 为气隙径向磁通密度（T）；B_t 为气隙切向磁通密度（T）。

一般情况下，磁通密度的切向分量比法向分量小得多[2]，切向磁通密度对不平衡磁拉力的影响较小，可以忽略不计：

$$B_r(\alpha,t)=B_\delta(\alpha,t),B_t(\alpha,t)=0 \tag{3-5}$$

$$\sigma_r(\alpha,t)=\frac{B_r^2(\alpha,t)}{2\mu_0} \tag{3-6}$$

当气隙为平行偏心时，直接对转子表面的麦克斯韦应力张量进行积分，可得到作用在转子表面轴向微元的水平及竖直方向的不平衡磁拉力分量的表达式如下：

$$F_{\mathrm{ump},x}(t) = \int_0^{2\pi} \frac{(B_r(\alpha,t))^2}{2\mu_0} r l_{\mathrm{st}} \cos\alpha \mathrm{d}\alpha \tag{3-7}$$

$$F_{\mathrm{ump},y}(t) = \int_0^{2\pi} \frac{(B_r(\alpha,t))^2}{2\mu_0} r l_{\mathrm{st}} \sin\alpha \mathrm{d}\alpha \tag{3-8}$$

式中，r 为转子半径（m）；l_{st} 为转子硅钢片叠层长度（m）。

当气隙存在轴向非均匀偏心时，设转子中心为圆心位置，则不平衡磁拉力分量可表示为

$$F_{\mathrm{ump},x}(t) = \int_{-l/2}^{l/2}\int_0^{2\pi} \frac{(B_r(\alpha,t,z))^2}{2\mu_0} \cos\alpha \mathrm{d}\alpha \mathrm{d}z \tag{3-9}$$

$$F_{\mathrm{ump},y}(t) = \int_{-l/2}^{l/2}\int_0^{2\pi} \frac{(B_r(\alpha,t,z))^2}{2\mu_0} \sin\alpha \mathrm{d}\alpha \mathrm{d}z \tag{3-10}$$

式中，l 为轴向不均匀偏心时的气隙轴向长度（m）。

3.1.2　磁共能法——虚功原理法

虚功原理（Virtual Work Principle，VWP）中的力是根据存储能量的空间导数计算的。虚功原理法作为一种计算电磁系统电磁力或电磁转矩的常用方法，具有精度高、计算量小等诸多优点[3,4]。当采用虚功原理法时，需要对系统中的磁能或磁共能进行计算。虚功原理法基于电磁理论和相应的边界条件获得气隙磁场以及气隙磁场的能量方程，最终通过能量方程在水平方向和垂直方向上的偏微分求解不平衡磁拉力。

首先，计算气隙空间的磁场能，气隙的磁共能可表示为

$$\mathrm{d}w = \frac{R}{2}\Lambda(\alpha,t)F(\alpha,t)^2 \mathrm{d}\alpha \mathrm{d}z \tag{3-11}$$

则气隙空间的磁场能可表示为

$$W = \frac{R}{2}\int_0^{2\pi}\int_0^L \Lambda(\alpha,t)F(\alpha,t)^2 \mathrm{d}\alpha \mathrm{d}z \tag{3-12}$$

不平衡磁拉力在 x 方向和 y 方向上的分力可通过该方向上磁场能的偏微分获得：

$$F_{\mathrm{ump},x}(t) = \frac{\partial W}{\partial x} = \frac{RL}{2}\int_0^{2\pi} \frac{\partial \Lambda}{\partial x}F(\alpha,t)^2 \mathrm{d}\alpha \tag{3-13}$$

$$F_{\mathrm{ump},y}(t) = \frac{\partial W}{\partial y} = \frac{RL}{2}\int_0^{2\pi} \frac{\partial \Lambda}{\partial y}F(\alpha,t)^2 \mathrm{d}\alpha \tag{3-14}$$

3.1.3 其他不平衡磁拉力的计算方法

除直接积分法与磁共能法外，求解不平衡磁拉力的非线性计算方法还包括：等效磁路法[4,5]、保角映射法[6,7]、精确子域分析法[8,9]、有限元法[10-12] 等。

电磁场的数值计算是一个求解偏微分方程的问题。有限元计算中常用麦克斯韦应力张量法和虚功原理法。有限元法将连续场划分为有限单元，然后用插值函数表示每个单元的解，使其满足边界条件。最后得到连续场在整个场上的解。对于许多实际工程问题，应用基于变分原理的有限元方法往往比直接求解偏微分方程更容易。

3.2 电机"底座-垫片-电机"动力学模型

3.2.1 卧式电机动力学模型

在卧式电机"底座-垫片-电机"系统模型（见图3-2）的建立过程中，定子与电机机座被视为统一整体，按电磁力的考虑方式主要分为两种建模方式。

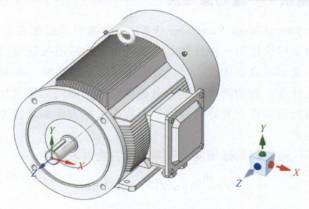

图3-2 卧式电机模型

第一种情况，不平衡磁拉力以外力的形式作用于定子，其系统动力学模型如下：

$$M\ddot{q} + C\dot{q} + Kq = F_{ub} + F_{ump} \tag{3-15}$$

$$M = \begin{bmatrix} M_x & 0 \\ 0 & M_y \end{bmatrix}, \quad C = \begin{bmatrix} c_x & 0 \\ 0 & c_y \end{bmatrix} \tag{3-16}$$

$$F_{ub} = \begin{Bmatrix} F_{ub,x} \\ F_{ub,y} \end{Bmatrix}, \quad F_{ump} = \begin{Bmatrix} F_{ump,x} \\ F_{ump,y} \end{Bmatrix} \tag{3-17}$$

式中，M 为电机质量矩阵；C 为阻尼矩阵；K 为刚度矩阵；q 为位移矢量；F_{ub} 为电机不平衡荷载；F_{ump} 为电机不平衡磁拉力。

　　第二种情况，不平衡磁拉力被视为线性化的负刚度弹簧，因此可使用不平衡磁拉力刚度矩阵 K_{ump} 建立电机系统的运动方程，其系统动力学模型如下：

$$M\ddot{q} + C\dot{q} + (K_{base} + K_{ump})q = F_{ub} \tag{3-18}$$

$$K_{ump} = \begin{bmatrix} k_{ump,x} & 0 \\ 0 & k_{ump,y} \end{bmatrix} = \begin{bmatrix} -\dfrac{\partial F_{ump,x}}{\partial x} & 0 \\ 0 & -\dfrac{\partial F_{ump,y}}{\partial y} \end{bmatrix} \tag{3-19}$$

式中，K_{base} 为底座垫片的刚度矩阵；K_{ump} 为不平衡磁拉力刚度矩阵；k 为磁刚度系数，可根据不同偏心程度的电机进行电磁仿真求解。

　　除上述电磁激振力，引起电机系统振动的原因还包括垫片、底座结构、底座与电机连接形式、平面度、安装误差等。电机系统的振动主要包含径向振动（x，y 方向）和轴向（z 方向）振动。

　　对于卧式电机的"底座-垫片-电机"系统，由环境缺陷引起的振动主要发生在 y 方向，因此在系统动力学模型建模中主要考虑接触参数对垂直方向振动的影响规律，所建立的卧式电机的"底座-垫片-电机"旋转设备结构耦合动力学模型如图 3-3 所示。

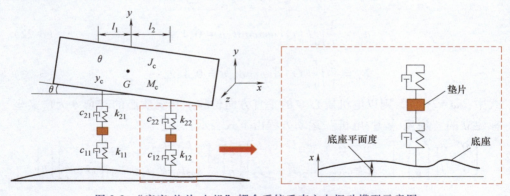

图 3-3　"底座-垫片-电机"耦合系统垂直方向振动模型示意图

　　图 3-3 中，电机框架被简化为平面刚体[13]。其中，y_c 为电机系统垂直方向的位移（m）；θ 为电机系统的角位移（rad）；M_c 为电机系统质量（kg）；J_c 为电机框架系统转动惯量（kg·m²）；k_{11}、k_{12} 为底座与垫片间的接触刚度（N/m）；c_{11}、c_{12} 为底座与垫片间的接触阻尼 [N/(m/s)]；k_{21}、k_{22} 为垫片与电机系统间的连接刚度（N/m）；c_{21}、c_{22} 为垫片与电机系统间的连接阻尼 [N/(m/s)]；x 为底座表面的不平度（m）。

对于电机及垫片而言，底座表面的不平度是引发电机系统振动的重要激励源，而在考虑"底座-垫片-电机"耦合作用下，为简化分析，做出以下假定与简化：

1）"底座-垫片-电机"简化为一受电磁激振力的弹簧阻尼系统。

2）电机各连接位置处的刚度与阻尼参数完全相同。

3）由于垫片在电机压力作用下始终与底座接触，因此不考虑垫片位移。

4）底座单侧平面度不发生改变，仅考虑两侧与底座连接的不平度。

考虑到底座不同位置处的平面度 x，电机两侧与底座连接处的不平度分别为 x_1 和 x_2，则将各垫片与底座接触位置处产生的接触力的合力视为不平衡荷载 F_{ub}，底座不平度激励可表示为[14]

$$\left\{\begin{array}{c} F_{ub} \\ T_{ub} \end{array}\right\} = \begin{bmatrix} c_{11} & c_{12} \\ -c_{11}l_1 & -c_{12}l_2 \end{bmatrix} \left\{\begin{array}{c} \dot{x}_1 \\ \dot{x}_2 \end{array}\right\} + \begin{bmatrix} k_{11} & k_{12} \\ -k_{11}l_1 & -k_{12}l_2 \end{bmatrix} \left\{\begin{array}{c} x_1 \\ x_2 \end{array}\right\} \tag{3-20}$$

气隙偏心产生的不平衡磁拉力为周期激励 $F_{ump}(t)$，其中 $F_{ump}(t) = F_{ump}(t+T)$，$T$ 为周期。不平衡磁拉力产生的转矩为 $T_{ump}(t)$，其中，$T_{ump}(t) = F_{ump}(t) \cdot l_{ump,x}$，$l_{ump,x}$ 为不平衡磁拉力的力臂。对于线性系统，叠加原理成立[15]，将周期激励源展为傅里叶级数：

$$F_{ump}(t) = \frac{a_0}{2} + \sum_{n=1}^{\infty} a_n \cos n\omega t + \sum_{n=1}^{\infty} b_n \sin n\omega t \tag{3-21}$$

$$a_n = \frac{2}{T} \int_0^T F(t) \cos n\omega t \, dt, n = 0,1,2,\cdots \tag{3-22}$$

$$b_n = \frac{2}{T} \int_0^T F(t) \sin n\omega t \, dt, n = 0,1,2,\cdots \tag{3-23}$$

式中，$\omega = 2\pi/T$，则以电机质心 G 的垂直方向位移 y 和绕质心的转角 θ 为广义坐标建立的"底座-垫片-电机"运动方程由下式表示：

$$\begin{bmatrix} M & 0 \\ 0 & J \end{bmatrix} \left\{\begin{array}{c} \ddot{y} \\ \ddot{\theta} \end{array}\right\} + \begin{bmatrix} c_{21}+c_{22} & c_{22}l_2-c_{21}l_1 \\ c_{22}l_2-c_{21}l_1 & c_{21}l_1^2+c_{22}l_2^2 \end{bmatrix} \left\{\begin{array}{c} \dot{y} \\ \dot{\theta} \end{array}\right\} + \begin{bmatrix} k_{21}+k_{22} & k_{22}l_2-k_{21}l_1 \\ k_{22}l_2-k_{21}l_1 & k_{21}l_1^2+k_{22}l_2^2 \end{bmatrix} \left\{\begin{array}{c} y \\ \theta \end{array}\right\}$$

$$= \begin{bmatrix} c_{11} & c_{12} \\ -c_{11}l_1 & -c_{12}l_2 \end{bmatrix} \left\{\begin{array}{c} \dot{x}_1 \\ \dot{x}_2 \end{array}\right\} + \begin{bmatrix} k_{11} & k_{12} \\ -k_{11}l_1 & -k_{12}l_2 \end{bmatrix} \left\{\begin{array}{c} x_1 \\ x_2 \end{array}\right\} + \left\{\begin{array}{c} F_{ump}(t) \\ T_{ump}(t) \end{array}\right\} \tag{3-24}$$

3.2.2　立式电机动力学模型

在立式电机的"底座-垫片-电机"系统模型中，由于重力沿轴向分布，因此不平衡磁拉力的轴向分力应被关注，需在卧式电机的基础上引入各矩阵的 Z 轴分量：

$$M\ddot{q} + C\dot{q} + Kq = F_{ub} + F_{ump} \tag{3-25}$$

对于立式电机的"底座-垫片-电机"系统，其对底座及垫片耦合可视为串联弹簧，由于串联弹簧的等效柔度等于各弹簧柔度之和，因此串联弹簧的刚度系数 k_e 可按下式计算：

$$k_e = \frac{1}{\dfrac{1}{k_1} + \dfrac{1}{k_2}} = \frac{1}{\sum \dfrac{1}{k_i}} \tag{3-26}$$

式中，刚度系数的导数 $1/k_i$ 称为柔度系数，表示零件在力的作用下弹性变形的能力。

立式电机"底座-垫片-电机"系统中底座及垫片阻尼 c_e 按相加处理，即

$$c_e = c_1 + c_2 \tag{3-27}$$

考虑到立式电机的安装特点，因此忽略底座不平度对电机的影响，将电机系统视为刚体，则"底座-垫片-电机"运动方程可简化为受周期激励 $F_{ump}(t)$ 的弹簧-阻尼-质量系统（见图 3-4），其运动方程为

$$m_c\ddot{z}_c + c_e\dot{z}_c + k_ez_c = F_{ump,z} \tag{3-28}$$

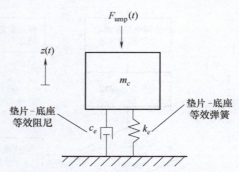

图 3-4　立式电机弹簧-阻尼-质量系统

对于线性系统，叠加原理成立。因此线性系统受周期激励作用时，可以把周期激励展开为傅里叶级数。级数的每一项都是简谐激励，分别计算其稳态响应，把所有稳态响应叠加便可得到系统对该周期激励的响应。

此时系统的运动微分方程变为

$$m_c\ddot{z}_c + c_e\dot{z}_c + k_ez_c = \frac{a_0}{2} + \sum_{n=1}^{\infty} a_n\cos n\omega t + \sum_{n=1}^{\infty} b_n\sin n\omega t \tag{3-29}$$

式中，$\omega = 2\pi/T$。

由叠加原理，式（3-29）的稳态响应可表示为

$$z(t) = \frac{a_0}{2k} + \sum_{n=1}^{\infty} \frac{a_n\cos(n\omega t - \varphi_n)}{k\sqrt{(1-r_n^2)^2 + (2\zeta r_n)^2}} + \sum_{n=1}^{\infty} \frac{b_n\cos(n\omega t - \varphi_n)}{k\sqrt{(1-r_n^2)^2 + (2\zeta r_n)^2}}$$

$$\tag{3-30}$$

式中，$r_n = \dfrac{n\omega}{\omega_n}$，$\varphi_n = \arctan\dfrac{2\zeta r_n}{1 - r_n^2}$。

3.2.3　耦合动力学模型建立流程

　　卧式电机及立式电机的"底座-垫片-电机"耦合动力学模型建立流程如图 3-5 所示。首先根据电机的安装形式确定是否存在底座平面度对接触力的影响，由初始气隙长度求解作用在定子表面的总力、总力矩作为系统动力学模型中的外力，代入动力学模型进行求解，若收敛，导出耦合动力学模型结果，否则重新确定气隙长度分布，对不平衡磁拉力进行迭代循环求解，直至模型收敛。

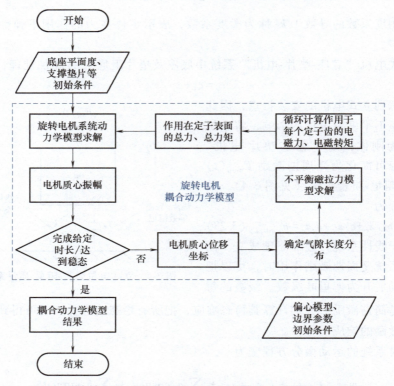

图 3-5　旋转电机"底座-垫片-电机"耦合动力学模型建立流程

3.3　电机"结构-气隙"耦合模型

3.3.1　混合偏心模型

　　根据定转子的相对位置关系，气隙偏心分为转子偏心与定子偏心，根据转子的运动行为，气隙偏心又可分为动态偏心、静态偏心及混合偏心。上述两种气隙偏心描述可相互转换，如图 3-6 所示。动态偏心距 e_{dy} 与静态偏心距 e_{st} 可分别通过定子偏心距 E_{axis} 与转子偏心距 E_{part} 表示。

$$e_{st} = \overrightarrow{\left| E_{axis} \right|} \tag{3-31}$$

$$e_{dy} = \overrightarrow{\left| E_{part} - E_{axis} \right|} \tag{3-32}$$

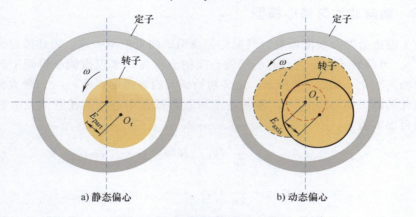

a) 静态偏心　　　　　　　　b) 动态偏心

图 3-6　静/动态偏心与定/转子偏心

混合偏心包含动态偏心与静态偏心，按静态偏心量与动态偏心量对混合偏心量进行解耦，可得由动态偏心及静态偏心的水平分量及竖直分量表示的混合偏心模型，如图 3-7 所示，混合偏心距 e_{mix} 及其夹角 θ_{mix} 的表达式如下：

$$e_{mix}(t) = \sqrt{\left[e_{st}\cos\theta_{st} + e_{dy}(t)\cos\theta_{dy}(t) \right]^2 + \left[e_{st}\sin\theta_{st} + e_{dy}(t)\sin\theta_{dy}(t) \right]^2} \tag{3-33}$$

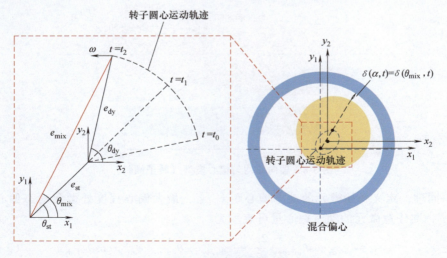

图 3-7　混合偏心模型

$$\theta_{\text{mix}}(t)=\arctan\left(\frac{e_{\text{st}}\sin\theta_{\text{st}}+e_{\text{dy}}(t)\sin(\theta_{\text{dy}}(t))}{e_{\text{st}}\cos\theta_{\text{st}}+e_{\text{dy}}(t)\cos(\theta_{\text{dy}}(t))}\right) \tag{3-34}$$

式中，e_{mix} 为混合偏心距（m）；e_{dy} 和 e_{st} 分别为动态偏心距和静态偏心距（m）；θ_{mix}，θ_{dy}，θ_{st} 分别为各类偏心所对应的夹角（rad）。

3.3.2　轴向非均匀偏心模型

由于制造公差及装配误差，气隙均匀度沿轴向可能不一致。因此通过微元叠加法[16]，可将转子划分为具有不同偏心度的有限元，来模拟偏心模型中转子偏心度的轴向变化，如图 3-8 所示。定义初始微元的静态偏心距 $e_{\text{ini,st}}$，最大偏心程度处微元的静态偏心距 $e_{\text{fin,st}}$，各偏心距均取自微元中心，则任意微元的静态偏心量均可如下表示：

$$x_{i,\text{st}}=e_{\text{ini,st}}\cos\theta_{\text{ini,st}}+\frac{2i-1}{2n}(e_{\text{fin,st}}\cos\theta_{\text{fin,st}}-e_{\text{ini,st}}\cos\theta_{\text{ini,st}}) \tag{3-35}$$

$$y_{i,\text{st}}=e_{\text{ini,st}}\sin\theta_{\text{ini,st}}+\frac{2i-1}{2n}(e_{\text{fin,st}}\sin\theta_{\text{fin,st}}-e_{\text{ini,st}}\sin\theta_{\text{ini,st}}) \tag{3-36}$$

式中，$e_{\text{ini,st}}$，$e_{\text{fin,st}}$ 分别代表初始侧的静态偏心距和最大偏心程度处微元的静态偏心距（m）；$\theta_{\text{ini,st}}$，$\theta_{\text{fin,st}}$ 则为其对应的夹角（rad）；n 为轴向微元总数；$i=1$，2，3，…，n。

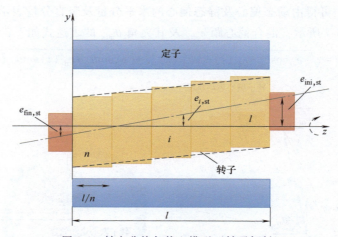

图 3-8　轴向非均匀偏心模型（转子倾斜）

同理，定义初始微元的动态偏心距 $e_{\text{ini,dy}}$，最大偏心程度处微元动态偏心距 $e_{\text{fin,dy}}$，则任意微元的动态偏心量可表示为

$$x_{i,\text{dy}}=e_{\text{ini,dy}}\cos\theta_{\text{ini,dy}}+\frac{2i-1}{2n}(e_{\text{fin,dy}}\cos\theta_{\text{fin,dy}}-e_{\text{ini,dy}}\cos\theta_{\text{ini,dy}}) \tag{3-37}$$

$$y_{i,\mathrm{dy}} = e_{\mathrm{ini,dy}} \sin\theta_{\mathrm{ini,dy}} + \frac{2i-1}{2n}(e_{\mathrm{fin,dy}} \sin\theta_{\mathrm{fin,dy}} - e_{\mathrm{ini,dy}} \sin\theta_{\mathrm{ini,dy}}) \qquad (3\text{-}38)$$

式中，$e_{\mathrm{ini,dy}}$，$e_{\mathrm{fin,dy}}$ 分别代表初始侧的动态偏心距和最大偏心程度处微元的动态偏心距（m）；$\theta_{\mathrm{ini,dy}}$，$\theta_{\mathrm{fin,dy}}$ 则为其对应的夹角（rad）；n 为轴向微元总数；$i=$ 1，2，3，…，n。

3.3.3　机座振动偏心模型

电磁激振力同时作用在电机定子及转子上，由于电机定子与机座相连，机座的振动改变了气隙的均匀度。因此，在磁场-振动强耦合的模型中，有必要对机座振动行为进行预测，并考虑其对气隙均匀度的影响。如图 3-9 和图 3-10 所示，电机与机座被视为统一整体，联轴器为刚性的，并与底面刚性连接，则由电机机座和联轴器组成的被不平衡磁拉力激励的框架结构可视为忽略轴向运动的二自由度系统，在该模型中，电机在不平衡磁拉力的激励作用下围绕框架的固定原点旋转。

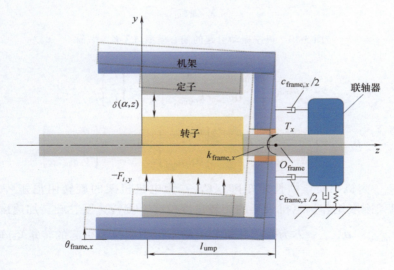

Y-Z平面

图 3-9　机座振动引起的偏心模型（Y-Z）平面

通过上述简化后系统的动力学建模，电机框架的旋转运动方程表示如下：

$$\boldsymbol{I}_{\mathrm{frame}}\ddot{\boldsymbol{\theta}}_{\mathrm{frame}} + \boldsymbol{C}_{\mathrm{frame}}\dot{\boldsymbol{\theta}}_{\mathrm{frame}} + \boldsymbol{K}_{\mathrm{frame}}\boldsymbol{\theta}_{\mathrm{frame}} = \boldsymbol{T} \qquad (3\text{-}39)$$

$$\boldsymbol{I}_{\mathrm{frame}} = \begin{bmatrix} I_{\mathrm{frame},x} & 0 \\ 0 & I_{\mathrm{frame},y} \end{bmatrix},\quad \boldsymbol{C}_{\mathrm{frame}} = \begin{bmatrix} c_{\mathrm{frame},x} & 0 \\ 0 & c_{\mathrm{frame},y} \end{bmatrix},$$

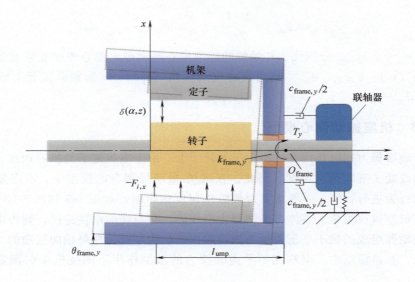

X-Z 平面

图 3-10 机座振动引起的偏心模型 （X-Z）平面

$$K_{\mathrm{frame}} = \begin{bmatrix} k_{\mathrm{frame},x} & 0 \\ 0 & k_{\mathrm{frame},y} \end{bmatrix}, \quad T = \begin{Bmatrix} T_x \\ T_y \end{Bmatrix},$$

$$\boldsymbol{\theta}_{\mathrm{frame}} = \begin{Bmatrix} \theta_{\mathrm{frame},x} \\ \theta_{\mathrm{frame},y} \end{Bmatrix}, \quad \dot{\boldsymbol{\theta}}_{\mathrm{frame}} = \begin{Bmatrix} \dot{\theta}_{\mathrm{frame},x} \\ \dot{\theta}_{\mathrm{frame},y} \end{Bmatrix}, \quad \ddot{\boldsymbol{\theta}}_{\mathrm{frame}} = \begin{Bmatrix} \ddot{\theta}_{\mathrm{frame},x} \\ \ddot{\theta}_{\mathrm{frame},y} \end{Bmatrix} \tag{3-40}$$

式中，$\boldsymbol{I}_{\mathrm{frame}}$ 为机架质量惯性矩矩阵；$\boldsymbol{C}_{\mathrm{frame}}$ 为电机机架的旋转阻尼矩阵；$\boldsymbol{K}_{\mathrm{frame}}$ 为电机机架刚度矩阵；电机机架的旋转角度位移、旋转速度、旋转加速度分别为 $\boldsymbol{\theta}_{\mathrm{frame}}$、$\dot{\boldsymbol{\theta}}_{\mathrm{frame}}$、$\ddot{\boldsymbol{\theta}}_{\mathrm{frame}}$；$\boldsymbol{T}$ 为作用在机架上的不平衡磁拉力引起的转矩矩阵，可由下式表示：

$$T_x = -\sum_{i=1}^{n} F_{\mathrm{ump},y}^{i} l_{\mathrm{ump},i} \tag{3-41}$$

$$T_y = -\sum_{i=1}^{n} F_{\mathrm{ump},x}^{i} l_{\mathrm{ump},i} \tag{3-42}$$

式中，$F_{\mathrm{ump},x}^{i}$，$F_{\mathrm{ump},y}^{i}$ 分别为作用在转子第 i 个微元柱的不平衡磁拉力的水平及竖直分量；$l_{\mathrm{ump},i}$ 为微元柱偏心节点与定子旋转中心的轴向长度。

根据各微元处的力矩 $l_{\mathrm{ump},i}$，机架振动产生轴向微元的定子偏移的水平、竖直分量均可表示力矩的正切值：

$$x_{\text{stator},i} = l_{\text{ump},i} \cdot \tan\theta_{\text{frame},y} \tag{3-43}$$

$$y_{\text{stator},i} = l_{\text{ump},i} \cdot \tan\theta_{\text{frame},x} \tag{3-44}$$

此时定子中心由于振动产生的偏心距 $e_{\text{stator},i}$ 及其对应夹角 $\theta_{\text{stator},i}$ 可表示为

$$e_{\text{stator},i}(t) = \sqrt{\left[x_{\text{stator},i}(t)\right]^2 + \left[y_{\text{stator},i}(t)\right]^2} \tag{3-45}$$

$$\theta_{\text{stator},i}(t) = \arctan\left(\frac{y_{\text{stator},i}(t)}{x_{\text{stator},i}(t)}\right) \tag{3-46}$$

3.3.4　"结构-气隙"耦合偏心模型

将电机振动引起的机座结构振动及定转子位置关系产生的气隙形变结合，最终基于混合偏心模型、轴向变化偏心模型、机架振动模型的综合作用，电机轴向第 i 个微元的"结构-气隙"耦合偏心模型如下：

$$e_{\text{com},i}(t) = \left[\left(x_{i,\text{st}} + x_{i,\text{dy}}(t) + x_{\text{stator},i}(t)\right)^2 + \left(y_{i,\text{st}} + y_{i,\text{dy}}(t) + y_{\text{stator},i}(t)\right)^2\right]^{1/2} \tag{3-47}$$

$$\theta_{\text{com},i}(t) = \arctan\left[\frac{y_{i,\text{st}} + y_{i,\text{dy}}(t) + y_{\text{stator},i}(t)}{x_{i,\text{st}} + x_{i,\text{dy}}(t) + x_{\text{stator},i}(t)}\right] \tag{3-48}$$

式中，$e_{\text{com},i}$ 为 i 阶微元的组合偏心的偏心距（m）；$\theta_{\text{com},i}$ 为 i 阶微元对应的夹角（rad）；$x_{i,\text{st}}$ 和 $y_{i,\text{st}}$ 分别为各微元静态偏心的水平分量及竖直分量（m）；$x_{i,\text{dy}}$ 和 $y_{i,\text{dy}}$ 分别为各微元动态偏心的水平分量及竖直分量（m）。

通过基于多种偏心类型组合的"结构-气隙"耦合偏心模型建立，可对不同程度下的转子偏心、定子偏心、转子弯曲等故障对电磁力的影响进行预测，从而揭示结构参数变化对气隙大小不均匀的影响规律。

在"结构-气隙"模型中，不考虑机座振动的混合偏心下的气隙偏心可通过转子偏心与定子偏心的组合定义。

当定子偏心与转子偏心方向相同，各偏心工况下的气隙长度 $\delta(\alpha, t)$ 分布云图如图 3-11 所示，按图中箭头指示方向，定子偏心或转子偏心程度逐渐升高。当定子偏心程度与转子偏心程度相同时，电机气隙偏心表现为静态偏心，气隙长度 δ 不随时间 t 变化；当定子未偏心而转子发生偏心时，气隙偏心表现为动态偏心；当定子偏心程度低于或高于转子偏心程度，且定子偏心程度不为零时，气隙偏心均表现为混合偏心。

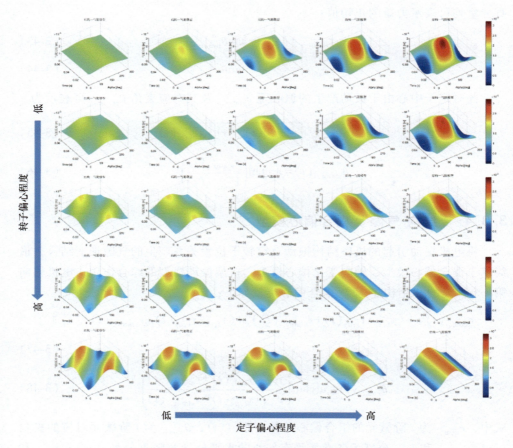

图 3-11　不同偏心程度下的气隙长度分布云图

3.4　本章小结

　　本章简述了直接积分法、磁共能法等求解不平衡磁拉力的经典解析算法，介绍了电机系统动力学模型，重点研究了电机"底座-垫片-电机"动力学模型以及"结构-气隙"耦合模型的建立方法。其中，"底座-垫片-电机"动力学模型将垫片参数、平面度对电机振动固有频率和振型的影响纳入模型的建立中，而"结构-气隙"耦合模型将底座平面度、电机振动位移、转子偏心、定子偏心、转子弯曲纳入气隙不均匀的考虑中。最终，对不同程度和不同方向的定转子偏心下的非均匀气隙分布进行对比，得到了偏心故障下非均匀气隙分布的一般规律，为旋转电机偏心故障的研究及特征提取奠定了基础。

参 考 文 献

［1］ Pyronen J, Jokinen T, Hrabovcova V. 旋转电机设计［M］. 柴风，裴雨龙，于艳军，等译. 北京：机械工业出版社，2018.

［2］ 施道龙. 大型感应电机不平衡磁拉力计算及转子动力学特性分析［D］. 哈尔滨：哈尔滨理工大学，2016.

［3］ Sewell P, Bradley K J, Clare J C, et al. Efficient dynamic models for induction machines［J］. International Journal of Numerical Modelling：Electronic Networks, Devices and Fields, 1999, 12（6）：449-464.

［4］ Meshgin-Kelk H, Milimonfared J, Toliyat H A. A comprehensive method for the calculation of inductance coefficients of cage induction machines［J］. IEEE Transactions on Energy Conversion, 2003, 18（2）：187-193.

［5］ Ostovic V. A simplified approach to magnetic equivalent-circuit modeling of induction machines［J］. IEEE Transactions on Industry Applications, 1988, 24（2）：308-316.

［6］ Alam F R, Abbaszadeh K. Magnetic field analysis in eccentric surface-mounted permanent-magnet motors using an improved conformal mapping method［J］. IEEE Transactions on Energy Conversion, 2016, 31（1）：333-344.

［7］ Rezaee-Alam F, Rezaeealam B, Faiz J. Unbalanced magnetic force analysis in eccentric surface permanent-magnet motors using an improved conformal mapping method［J］. IEEE Transactions on Energy Conversion, 2017, 32（1）：146-154.

［8］ Zhu Z Q, Wu L J, Xia Z P. An accurate subdomain model for magnetic field computation in slotted surface-mounted permanent-magnet machines［J］. IEEE Transactions on Magnetics, 2010, 46（4）：1100-1115.

［9］ Wu L J, Zhu Z Q, Staton D, et al. Subdomain model for predicting armature reaction field of surface-mounted permanent-magnet machines accounting for tooth-tips［J］. IEEE Transactions on Magnetics, 2011, 47（4）：812-822.

［10］ Thomas A S, Zhu Z Q, Wu L J. Novel modular-rotor switched-flux permanent magnet machines［J］. IEEE Transactions on Industry Applications, 2012, 48（6）：2249-2258.

［11］ Kim M-J, Kim B-K, Moon J-W, 等. Analysis of inverter-fed squirrel-cage induction motor during eccentric rotor motion using fem［J］. IEEE Transactions on Magnetics, 2008, 44（6）：1538-1541.

［12］ Faiz J, Ebrahimi B M, Akin B, et al. Finite-element transient analysis of induction motors under mixed eccentricity fault［J］. IEEE Transactions on Magnetics, 2008, 44（1）：66-74.

［13］ 贺朝霞，王星哲，邢增飞，等. 基于系统动力学与颗粒动力学耦合的振动筛动态特性分析［J］. 华南理工大学学报（自然科学版），2023, 51（1）：41-50.

［14］ 张青，杨玉虎，仉硕华，等. 轮轨耦合高速电梯导轨振动特性分析［J］. 山东建筑大

学学报，2018，33（1）：18-24+58.

[15]   吴天星，华宏星. 机械振动 [M]. 北京：清华大学出版社，2014.

[16]   Li Y X，Zhu Z Q. Cogging torque and unbalanced magnetic force prediction in PM machines with axial-varying eccentricity by superposition method [J]. IEEE Transactions on Magnet-ics，2017，53（11）：1-4.

第 4 章

旋转电机电磁场数值模拟研究方法

研究旋转电机电磁场特性的方法包括解析法、实验法、数值模拟法。瞬变工况下，由于电机气隙磁场的不平衡特性，电机电磁转矩及不平衡磁拉力在时间上均表现出脉动特性。解析法虽能够实现磁场特性参数的快速求解，但基于某些假设的模型在解析解的计算精度上无法得到保证。实验室研究方法所得到的结果无疑是可靠的，然而电机偏心故障大多属于不可逆的，若研究各类偏心特性的演变规律，需要投入大量人力物力，成本较高。基于有限元法（Finite Element Method，FEM）的电磁仿真方法具有成本低、适用范围广的优点，能够解决涉及麦克斯韦方程组理论范畴内的典型电磁场问题。本章介绍了典型旋转电机参数化建模及瞬态电磁场数值模拟方法。

4.1 典型旋转电机参数化建模

4.1.1 旋转电机参数化模型

旋转电机是典型的多变量、强耦合、非线性电磁装置，其性能分析涉及电磁场、温度场、结构场等多个物理场，任何参数的改变都会影响其在不同物理场下的性能。因此，解决旋转电机内复杂问题除需建立复杂的参数化几何模型，还需制定合理的多目标优化策略并高效实施。

鉴于各部分结构形式繁多，不讨论不同形式结构的优劣。转子及定子铁心的主要尺寸分别为极数、槽数、定子铁心外径、定子铁心内径、转子铁心外径、转子铁心内径、铁心长度、永磁体厚度等，此外，转子上的永磁体及定子槽内的绕组同样可根据尺寸进行参数化建模。根据各部分结构尺寸及典型参数可完成旋转电机的参数化建模，建立的某 8 极 12 槽的永磁同步电机参数化模型如图 4-1 所示，其主要尺寸参数及电气参数见表 4-1。

4.1.2 旋转电机参数化偏心模型

电机在正常运行的情况下，转子几何圆心、定子几何圆心和转子的旋转中心

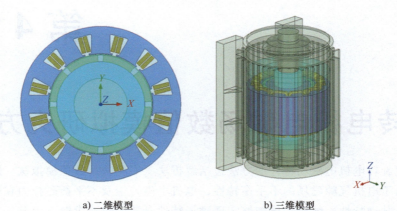

a) 二维模型　　　　　　　　　　　b) 三维模型

图 4-1　某 8 极 12 槽永磁同步电机参数化模型

表 4-1　电机主要尺寸及电气参数

尺寸参数	数值	电气参数	数值
极数	8	额定频率/Hz	200
槽数	12	连接方式	Y
定子铁心外径/m	0.120	额定电压/V	380
定子铁心内径/m	0.078	额定电流/A	4.2
气隙长度/m	0.001	额定功率/kW	2.2
永磁体厚度/m	0.005	功率因数	0.95
铁心长度/m	0.060		

是完全重合的，气隙沿着圆周均匀分布。但是当电机因老化或者在外力等因素作用下，转子几何圆心、定子几何圆心和转子旋转中心不再完全重合，这时就称电机发生了气隙偏心故障。

气隙偏心故障主要包括平行偏心及轴向非均匀偏心。根据气隙偏心形式可将平行偏心分为三大类，包括静态偏心、动态偏心、混合偏心。其中，由于轴承磨损、制造公差、未对中等因素造成的转子位置偏心，称为静态偏心；而由于质量不平衡导致的轴弯曲，或旋转振动造成的转子转轴位移，使转子围绕定子孔中心旋转的偏心，称为动态偏心；当两种偏心现象共存时，此类偏心称为混合偏心。

在平行偏心故障参数化建模中，各类偏心可解耦为两类偏心的组合：转轴平行偏心和转子平行偏心，如图 4-2 所示。其中，转子中心轴线与绝对坐标 z 轴的偏移距离为 Ee_{part}，转轴中心轴线与绝对坐标 z 轴的偏移距离为 Ee_{axis}。偏移角 α_{oa1}、α_{oa2} 分别为转子中心轴、转轴中心轴与绝对坐标 z 轴在 xoy 平面的偏移角度。在两类轴线偏心形式的耦合下，静态偏心、动态偏心、混合偏心对应的参数化偏心模型设置见表 4-2。静态偏心程度 e_{st} 定义为转轴偏移距离与气隙平均长度之比，即 $e_{st}=Ee_{axis}/\delta$，动态偏心程度 e_{dy} 定义为转子偏移距离与气隙平均长度之比，即 $e_{dy}=Ee_{part}/\delta$，混合偏心程度则由静态偏心程度与动态偏心程度的组合定义。

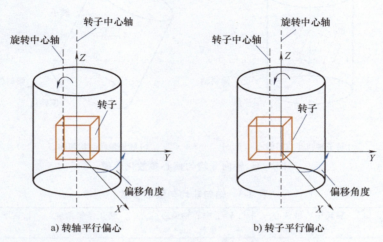

图 4-2　平行偏心参数化建模

表 4-2　各类平行偏心模型设置

偏心类型	偏心参数	偏心角度	偏心程度
静态偏心	(Ee_{part},Ee_{axis}) $Ee_{part}=Ee_{axis}\neq0$	$(\alpha_{oa1},\alpha_{oa2})$	$e_{st}=Ee_{axis}/\delta$
动态偏心	$(Ee_{part},0)$ $Ee_{part}\neq0$	$(\alpha_{oa1},\alpha_{oa2})$	$e_{dy}=Ee_{part}/\delta$
混合偏心	(Ee_{part},Ee_{axis}) $Ee_{part}\neq Ee_{axis}\neq0$	$(\alpha_{oa1},\alpha_{oa2})$	$e_{st}=Ee_{axis}/\delta$ $e_{dy}=(Ee_{part}-Ee_{axis})/\delta$

在轴向非均匀偏心故障的参数化建模中，若将转子部分视为刚体，则轴向非均匀偏心故障主要分为转轴倾斜偏心与转子中心轴倾斜偏心，如图 4-3 所示。两条轴线分别通过偏心坐标、倾斜角度及偏移角度定义，其中，旋转中心轴偏心坐标为旋转中心轴与坐标系的交点，转子中心轴偏心坐标为转子中心轴与坐标系的交点。由于轴向非均匀偏心形式复杂，且工程中出现的轴向非均匀偏心大多为转子轴向非均匀偏心，因此，为简化分析，仅研究中心未产生偏心的不同转子倾斜程度下的轴向非均匀偏心故障，参数设置见表 4-3。

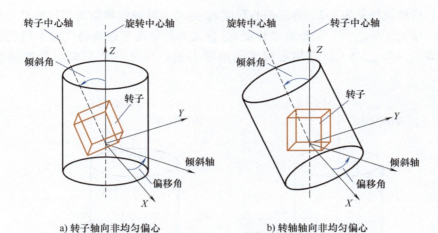

a) 转子轴向非均匀偏心　　　　　b) 转轴轴向非均匀偏心

图 4-3　轴向非均匀偏心参数化建模

表 4-3　轴向非均匀偏心参数

偏心类型	旋转中心轴偏心坐标/mm	转子中心轴偏心坐标/mm	转子倾斜角度/(°)	转子偏移角度/(°)
轴向非均匀偏心	$(Ee_{axis,x}, Ee_{axis,y}, Ee_{axis,z})$	$(Ee_{part,x}, Ee_{part,y}, Ee_{part,z})$	$\theta_{tilt} \neq 0$	θ_{offset}
工况 1	(0,0,0)	(0,0,0)	0.1	0
工况 2	(0,0,0)	(0,0,0)	0.3	0
工况 3	(0,0,0)	(0,0,0)	0.5	0

4.2　电机瞬态电磁场数值模拟方法

4.2.1　电机瞬态电磁场数值计算方法

电机瞬态电磁场数值计算过程主要包括以下步骤：模型建立、激励源设置、计算网格剖分、损耗设置、瞬态计算控制参数设置、显示及输出计算结果。电机系统内部电场、磁场与电荷密度、电流密度之间的关系可通过麦克斯韦方程组的偏微分形式进行描述[1,2]。

$$\nabla \times H = J + \frac{\partial D}{\partial t} \tag{4-1}$$

$$\nabla \times E = \frac{\partial D}{\partial t} \tag{4-2}$$

$$\nabla \cdot B = 0 \tag{4-3}$$

$$\nabla \cdot D = \rho \tag{4-4}$$

式中，∇ 为哈密顿算子，$\nabla = \dfrac{\partial}{\partial x}\vec{i} + \dfrac{\partial}{\partial y}\vec{j} + \dfrac{\partial}{\partial z}\vec{k}$；$H$ 为磁场强度（A/m）；J 为电流密度（A/m^2）；D 为电位移矢量（C/m^2）；E 为电场强度（V/m）；B 为磁通密度（T）；ρ 为自由电荷密度（C/m^3）；t 为时间（s）。

除了上述 4 个方程，还需要有媒质的本构关系式[3]，才能最终解决电机内部场量的求解问题：

$$D = \varepsilon E, B = \mu H, J = \sigma E \tag{4-5}$$

式中，ε 为媒质介电常数 [C^2/(N·m^2)]；μ 为媒质的磁导率（H/m）；σ 为媒质的电导率（S/m）。

其中，电机内部磁场的控制方程可由下式给出[4]：

$$\nabla^2 A - \mu\varepsilon\frac{\partial^2 A}{\partial t^2} = -\mu J \tag{4-6}$$

$$B = \nabla \times A \tag{4-7}$$

式中，∇^2 为拉普拉斯算子，$\nabla^2 = \dfrac{\partial^2}{\partial x^2}\vec{i} + \dfrac{\partial^2}{\partial y^2}\vec{j} + \dfrac{\partial^2}{\partial z^2}\vec{k}$；$A$ 为磁矢位（Wb/m）。

在有限元分析中，提取电磁力常用的方法主要包括虚功法及麦克斯韦应力张量法。麦克斯韦应力张量法多用来分析电磁力与气隙磁场谐波之间的关系，需要指出的是，其求解出的麦克斯韦应力张量并不代表真正的力，而代表电磁场的动量交换。基于麦克斯韦应力张量法的电磁力求解过程如下，电机内部三维磁场中转子表面的麦克斯韦应力张量可表示为

$$T = \frac{1}{\mu_0}\begin{bmatrix} B_x^2 - B^2/2 & B_x B_y & B_x B_z \\ B_x B_y & B_y^2 - B^2/2 & B_y B_z \\ B_x B_z & B_y B_x & B_z^2 - B^2/2 \end{bmatrix} \tag{4-8}$$

式中，$B^2 = B_x^2 + B_y^2 + B_z^2$，$B_x$，$B_y$，$B_z$ 分别为磁通密度在 x，y，z 方向上的分量（T）；T 为麦克斯韦应力张量（N/m）；μ_0 为磁常数（H/m）。

不平衡磁拉力可通过对转子表面的麦克斯韦张量进行积分获得：

$$\vec{F}_{\text{ump}} = \frac{1}{\mu_{\text{air}}}\iint \mathrm{d}S T \cdot \boldsymbol{n} \tag{4-9}$$

式中，$\vec{F}_{\text{ump}}$ 为不平衡磁拉力（N）；μ_{air} 为气隙磁导率（H/m）；$\boldsymbol{n}$ 为积分区域的外法向量，S 为积分区域（m^2）。

定子或转子表面的电磁力密度可表示为

$$\vec{f} = \frac{\vec{F}}{A} \tag{4-10}$$

式中，$\vec{f}$ 为电磁力密度（N/m²）；A 为定子或转子表面的面积（m²）。

单个单元内的电磁力体密度的计算公式为

$$\vec{f} = \frac{1}{V} \sum_{i=0}^{N} \vec{F}_i \tag{4-11}$$

式中，V 为单元体积（m³）；N 为单元内表面（二维微元）的数量。

虚功原理法的力是根据磁共能相对于转子位移的梯度计算的，其更适用于局部磁压力的精确研究。基于虚功原理的不平衡磁拉力的求解方法如下，电机气隙空间的磁共能 W 可表示为[5]

$$W = \frac{R}{2} \int_0^{2\pi} \int_0^L \Lambda(\alpha,t) F(\alpha,t)^2 \mathrm{d}\alpha \mathrm{d}z \tag{4-12}$$

因此，x 和 y 方向上的电磁力可通过磁共能的空间导数获得：

$$F_{\mathrm{ump},x} = \frac{\partial W}{\partial x} = \frac{RL}{2} \int_0^{2\pi} \frac{\partial \Lambda}{\partial x} F(\alpha,t)^2 \mathrm{d}\alpha \tag{4-13}$$

$$F_{\mathrm{ump},y} = \frac{\partial W}{\partial y} = \frac{RL}{2} \int_0^{2\pi} \frac{\partial \Lambda}{\partial y} F(\alpha,t)^2 \mathrm{d}\alpha \tag{4-14}$$

式中，W 为磁共能（J）；Λ 为气隙磁导（H）；F 为磁动势（A）；R 为电机转子半径（m）；L 为转子铁心长度（m）；α 为电位角（rad）；t 为时间（s）。

4.2.2 激励源设置

电机激励施加在绕组上，主要包括电压源激励、电流源激励、外电路激励[6]。

1. 电压源激励

电压源激励的线电压设为 U'_A，绕组为星形联结时，对应的相电压与线电压满足下列关系：

$$U'_A = \sqrt{3}\, U_m \tag{4-15}$$

当绕组为三角形联结时，对应的相电压与线电压满足下列关系：

$$U'_A = U_m \tag{4-16}$$

三相电压的相位差为 120°，各相电压源激励之间的关系如下：

$$U_A = \sqrt{2}\, U_m \sin\left(\frac{2\pi np}{60} t\right) = \sqrt{2}\, U_m \sin(2\pi ft) \tag{4-17}$$

$$U_B = \sqrt{2}\, U_m \sin\left(2\pi ft - \frac{2\pi}{3}\right) \tag{4-18}$$

$$U_C = \sqrt{2}\, U_m \sin\left(2\pi ft + \frac{2\pi}{3}\right) \tag{4-19}$$

额定值为 380V 的电压源激励的旋转电机，采用星形联结的各相输入电压如图 4-4 所示。

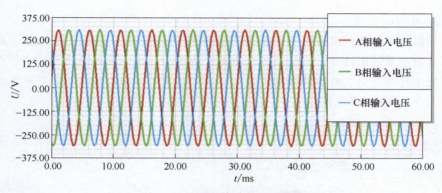

图 4-4　星形联结时电压源激励

2. 电流源激励

电流源激励的线电流设为 I_A'，绕组为星形联结时，线电流与相电流相等，即

$$I_A' = I_m \tag{4-20}$$

当绕组为三角形联结时，对应的相电流与线电流满足下列关系：

$$I_A' = \sqrt{3}\, I_m \tag{4-21}$$

三相电流的相位差为 120°，各相电流源激励之间的关系如下：

$$I_A = \sqrt{2}\, I_m \sin\left(\frac{2\pi np}{60}t\right) = \sqrt{2}\, I_m \sin(2\pi ft) \tag{4-22}$$

$$I_B = \sqrt{2}\, I_m \sin\left(2\pi ft - \frac{2\pi}{3}\right)$$

$$I_C = \sqrt{2}\, I_m \sin\left(2\pi ft + \frac{2\pi}{3}\right)$$

额定值为 10A 的电流源激励的旋转电机，采用星形联结方法的各相输入电流如图 4-5 所示。

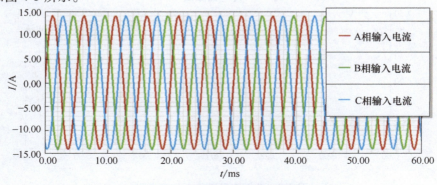

图 4-5　星形联结时电流源激励

3. 外电路激励

当需要更复杂的励磁电路，例如需要整流器、逆变器等包含二极管、晶体管、复杂电源的组件时，应使用外部电路。为绕组供电的简单电流源或电压源不需要使用外部电路。外电路激励更复杂，某外转子的永磁直流电机及其外电路激励如图 4-6 和图 4-7 所示。

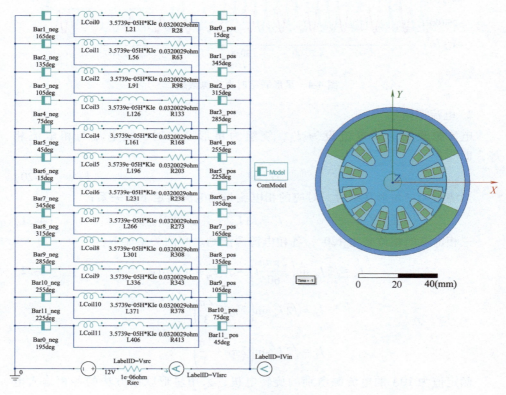

图 4-6　外电路激励结构

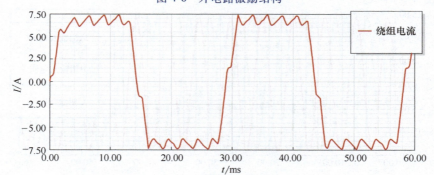

图 4-7　外电路激励的电流源激励

4.2.3　计算网格剖分

　　高质量的计算网格剖分，是利用电磁场仿真软件进行旋转电机电磁分析的前提和基础，这对于瞬态场及三维模型的电磁场模拟尤为重要。图 4-8 为典型旋转电机二维模型及三维模型的网格剖分图。对于相同或相近的物理模型，可分为同一组，指定相同的网格长度进行剖分。对于较大模型，则网格长度可适当放大。以永磁同步电机为例，电机定转子铁心分为一组，定子绕组自成一组，永磁体自成一组，气隙域自成一组。上述这四组的建议网格尺寸大小如下：定转子铁心>永磁体>定子绕组>气隙域。

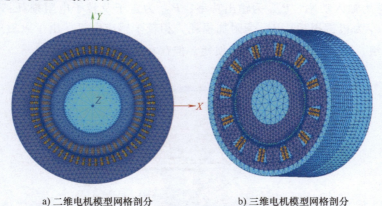

a) 二维电机模型网格剖分　　　　　　　　b) 三维电机模型网格剖分

图 4-8　计算网格剖分图

4.2.4　负载类型设置

　　研究旋转电机电磁仿真，其负载类型主要包括：恒功率负载和泵类负载。

　　泵类负载的实际应用如水泵、通风机等，其转矩的大小与转速的二次方成正比，如图 4-9a 所示。恒功率负载在不同的转速下，负载转矩基本上与转速成反比，如图 4-9b 所示，当旋转设备固定为某转速时，也同属恒转矩类型的负载。

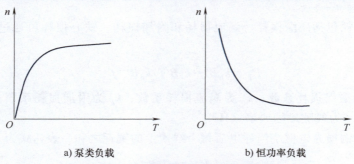

a) 泵类负载　　　　　　　　　　　b) 恒功率负载

图 4-9　不同类型负载的机械特性

4.2.5 损耗设置

在旋转电机瞬态电磁场数值计算中，损耗设置可根据额定功率的百分比进行估算。旋转电机的损耗由以下几部分组成[7]，包括定子和转子导体中的电阻损耗、磁路中的铁心损耗、附加损耗、机械损耗，其中导体的电阻损耗也被称为铜损。根据能量守恒定律，旋转电机的输入、输出功率及损耗的关系（见图4-10）满足下式：

$$P_{in} = P_{out} + P_{Cu} + P_{Fe} + P_f + P_{LL} \quad\quad\quad (4\text{-}23)$$

式中，P_{in} 为输入功率；P_{out} 为输出功率；P_{Cu} 为定子及转子电阻损耗；P_{Fe} 为铁心损耗；P_f 为机械损耗；P_{LL} 为附加损耗。相较于感应电机，由于永磁电机转子上没有绕组，因此转子上没有电阻损耗，但存在永磁体涡流损耗[8]。

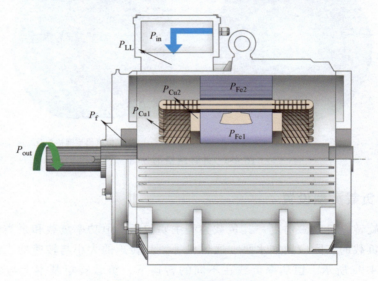

图 4-10 旋转电机能量流通图

铁心损耗包括磁滞损耗、涡流损耗和附加损耗，铁心损耗可通过 Bertotti 计算模型得到：

$$P_{Fe} = k_h B^2 f + k_e B^2 f + k_c B^{1.5} f^{1.5} \quad\quad\quad (4\text{-}24)$$

式中，k_h 为磁滞损耗系数；k_e 为涡流损耗系数；k_c 为附加损耗系数；B 为磁通密度（T）；f 为气隙磁场频率（Hz）。

电机的铜损为电枢绕组通电后每个线圈上的铜耗之和，表达式为

$$P_{Cu} = m I^2 R \quad\quad\quad (4\text{-}25)$$

式中，m 为相数；I 为相电流的有效值（A）；R 为每相的直流电阻（Ω）。

机械损耗是由轴承摩擦损耗、转子风摩损耗和通风损耗造成的。轴承摩擦损耗取决于轴的转速、轴承型号、润滑剂的特性和轴承的荷载；风摩损耗是由旋转表面与其周围空气摩擦造成的，该损耗与电机的转速正相关。

附加损耗定义为总损耗与定转子电阻损耗、定转子铁心损耗和机械损耗的差。

4.2.6　瞬态计算求解器

在有限元计算中，不平衡磁拉力的计算主要采用非均匀离散傅里叶变换（Discrete Fourier Transform with Non-uniform time interval，NDFT）逼近[9]。NDFT 的定义与恒定时间间隔离散傅里叶变换（Discrete Fourier Transform，DFT）的定义相同，但 NDFT 考虑了不规则间隔的采样。NDFT 的样本 $x(k)$ 是以 $\Delta\omega$ 的倍数取的，$\Delta\omega$ 是傅里叶域中的固定值。在常规情况下的固定量 $\Delta\omega$ 对应于 $2\pi/T$。从规则采样到不规则采样的扩展取决于信号 $x(t)$ 的持续时间，而不取决于以规则或不规则间隔采样。

在周期 T 内，有限样本在测点 N 上的表达式为

$$x(k) = \begin{cases} 0, & k<0 \\ F(t_k), & 0 \leqslant k \leqslant N-1 \\ 0, & k \geqslant N \end{cases} \tag{4-26}$$

NDFT 的定义如下：

$$X(k) = \frac{1}{N} \sum_{n=0}^{N-1} x(n) \mathrm{e}^{-\mathrm{j}(t_n-t_0)k\frac{2\pi}{T}} \tag{4-27}$$

逆 NDFT 由下式给出：

$$x(t_n) = \sum_{k=0}^{N-1} X(k) \mathrm{e}^{\mathrm{j}2\pi \frac{k(t_n-t_0)}{T}} \tag{4-28}$$

求解器在每个时间步长记录所有部件上的力和转矩的分量。

$$\begin{aligned} &F_x: F_x(0), F_x(\Delta t), F_x(2\Delta t), \cdots, F_x(K\Delta t) \\ &F_y: F_y(0), F_y(\Delta t), F_y(2\Delta t), \cdots, F_y(K\Delta t) \\ &F_z: F_z(0), F_z(\Delta t), F_z(2\Delta t), \cdots, F_z(K\Delta t) \\ &M_x: M_x(0), M_x(\Delta t), M_x(2\Delta t), \cdots, M_x(K\Delta t) \\ &M_y: M_y(0), M_y(\Delta t), M_y(2\Delta t), \cdots, M_y(K\Delta t) \\ &M_z: M_z(0), M_z(\Delta t), M_z(2\Delta t), \cdots, M_z(K\Delta t) \end{aligned} \tag{4-29}$$

当有限元总计算时长 t_{end} 与当前时刻 t 满足下述关系时，求解器保存计算结果。

$$t_{\mathrm{end}} - t \leqslant \frac{2\pi}{\text{period} \cdot \text{rotation\_speed}} \quad (4\text{-}30)$$

4.2.7 显示和输出计算结果

通过电磁仿真可获得旋转电机的基本运动参数及基本电磁特性参数，需要通过适当的手段将整个计算域上的结果表示出来，可采用线值图、矢量图、等值线图、曲面图、云图等方式对计算结果进行表示，并分析计算结果，给出研究结论。

线值图，是指在二维或三维空间上，将横坐标取为空间长度或时间历程，将纵坐标取为某一物理量，然后用光滑曲线或曲面在坐标系内绘制出某一物理量沿空间或时间的变化情况，如图 4-11 所示；云图是使用渲染方式，将流场某个截面上的物理量（如磁通密度、各类损耗、温度等）用连续变化的色块表示其分布，如图 4-12a 所示；等值线图是用不同颜色的线条表示相等物理量（如磁通密度）的一条线，此外，等值线图还可表示磁通量分布，如图 4-12b 所示；矢量图是直接给出二维或三维空间里矢量（如电磁力密度）的方向及大小，一般用不同颜色和长度的箭头表示，如图 4-12c 所示；曲面图/网络图是对不同时间和空间变化下的物理量（如电磁力密度）进行表示，一般用于研究物理量的时-空变化规律；极坐标图，用于描述及研究物理量在电机内部不同角度下的分布规律。

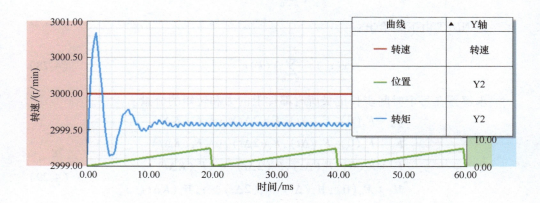

图 4-11 旋转电机基本运动参数

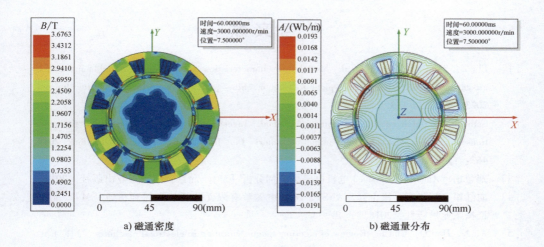

a) 磁通密度　　　　　　　　　　　　　b) 磁通量分布

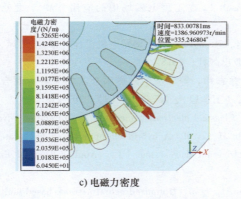

c) 电磁力密度

图 4-12　旋转电机基本电磁特性参数

4.3　本章小结

　　本章简述了旋转电机电磁场数值模拟研究方法的基本思路，介绍了偏心故障下的旋转电机瞬态电磁场数值模拟方法的主要步骤，包括旋转电机参数化建模、偏心参数设置、激励源设置、计算网格剖分、负载类型设置、瞬态计算求解器设置以及显示和输出计算结果。通过本章建立的旋转电机电磁场数值模拟研究方法，可对典型偏心气隙故障下的不平衡特性（磁通密度、电磁力密度、电磁转矩、不平衡磁拉力等）进行求解。通过有限元方法，弥补了实验过程电机偏心故障不可逆的缺陷，有利于在后续章节中开展各类偏心故障下不平衡特性演变规律的研究。

参 考 文 献

［1］ Liu Z, Song Y, Liu J, et al. Modulation characteristics of multi-physical fields induced by air-gap eccentricity faults for typical rotating machine ［J］. Alexandria Engineering Journal, 2023, 83：122-133.

［2］ Sathyan S, Belahcen A, Lehikoinen A, et al. Investigation of the causes behind the vibrations of a high-speed solid-rotor induction motor ［J］. Journal of Sound and Vibration, 2019, 463：114976.

［3］ 刘慧娟. Ansoft maxwell 13 电机电磁场实例分析 ［M］. 北京：国防工业出版社，2014.

［4］ 向红军，胡仁喜，康士廷. ANSYS 18.0 电磁学有限元分析从入门到精通 ［M］. 北京：机械工业出版社，2018.

［5］ Xu X, Han Q, Chu F. Review of electromagnetic vibration in electrical machines ［J］. Energies, 2018, 11 (7)：1779.

［6］ 张洪亮，赵博. Ansoft 12 在工程电磁场中的应用 ［M］. 北京：中国水利水电出版社，2010.

［7］ Pyronen J, Jokinen T, Hrabovcova V. 旋转电机设计 ［M］. 柴风，裴雨龙，于艳军，等译. 北京：机械工业出版社，2018.

［8］ 史立伟，刘政委，乔志伟，等. 基于磁热耦合法的非对称混合磁极永磁电机热分析 ［J］. 浙江大学学报（工学版），2024, 58 (1)：207-218.

［9］ John David Jackson. Classical electrodynamics ［M］. 3rd edition. New York：Wiley, 1999.

［10］ Sun S, Li G, Chen H, et al. A hybrid ica-bpnn-based fdd strategy for refrigerant charge faults in variable refrigerant flow system ［J］. Applied Thermal Engineering, 2017, 127：718-728.

［11］ Guo Y, Li G, Chen H, et al. Optimized neural network-based fault diagnosis strategy for vrf system in heating mode using data mining ［J］. Applied Thermal Engineering, 2017, 125：1402-1413.

第 5 章

典型偏心气隙故障下电磁场
数值模拟研究

作为电机内部磁场能量转换的重要通道，气隙磁场的变化对电机整体性能起着决定性作用。电机内部定转子间气隙长度发生改变，会造成气隙磁场磁通密度均匀度发生改变，这种现象称作气隙变形。根据各类机械源导致的气隙偏心，偏心故障可分为两种不同类型，分别为静态偏心与动态偏心。静态偏心是指转子转轴不在定子孔中心轴线上，且其绕自身轴线旋转，一般是由制造公差、装配错位等原因造成的；动态偏心是指转子不在定子孔中心，但其转动部分仍绕定子孔中心轴旋转，一般是由不平衡质量负载或转轴弯曲造成的。在电机系统中，两种类型的偏心故障共存，此时气隙内部出现的偏心可定义为混合偏心。此外，由于转子和定子之间的相对条件在轴向上不是恒定的，因此还需考虑气隙偏心的轴向变化。电磁场数值模拟是一种有效的工具，可以帮助工程师深入了解电机内部的电磁现象，精确分析偏心气隙故障对电机性能的影响。通过数值模拟，可以在实际电机中模拟偏心气隙故障，提前识别可能发生的问题，有助于制定有效的维护计划和改进设计。此外，数值模拟结果可以用于优化电机的设计，使其更具抗干扰性和稳定性，降低偏心气隙故障的发生概率。本章以某 8 极 12 槽的永磁同步电机为例，针对上述几类气隙变形故障进行电磁场数值计算，通过电磁场数值仿真软件，调整偏心气隙故障的参数，研究其对电机电磁场分布的影响，分析不同偏心程度下的磁场特性变化规律，揭示各类气隙变形故障产生磁致不平衡特性的激励机理。

5.1 静态偏心对电磁特性的影响研究

5.1.1 径向磁通密度分布

磁通密度的径向分量会引起电机定转子变形和振动，是电机电磁振动的主要来源，且对于电机平稳运行起着决定性作用。图 5-1 所示为静态偏心故障电机的

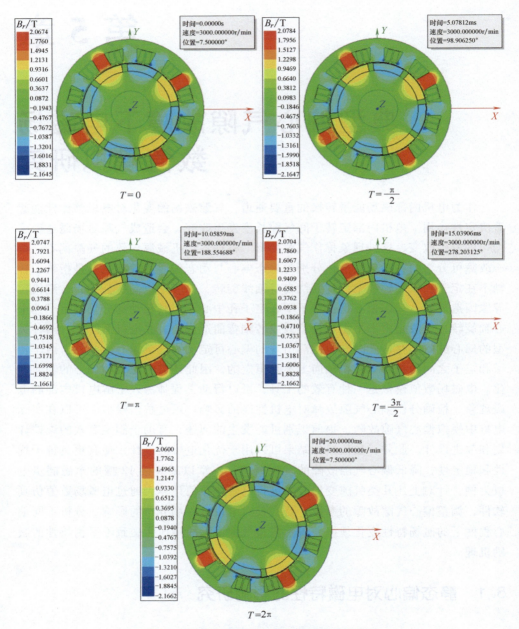

图 5-1   静态偏心单周期内径向磁通密度分布

径向磁通密度在单周期内的分布变化（$T = 0 \sim 2\pi$）。通过不同时刻对比可发现，静态偏心故障电机偏心方向一侧的径向磁通密度幅值始终大于另一侧，且不随转子的运动而改变。

5.1.2　电磁力密度及其时空分布

不同静态偏心程度下转子表面径向电磁力密度分布如图 5-2 所示。电磁力分布图中存在大量的峰值，会不加区别地使作用在转子表面的径向力发生剧烈变化。偏心度为 0% 时，电磁力密度沿机械角度 α 及时间 T 上均匀分布，此时转子周向上受力均匀，未产生不平衡磁拉力。由于静态偏心特性，随着偏心程度逐渐升高，电磁力密度的空间分布发生变化。

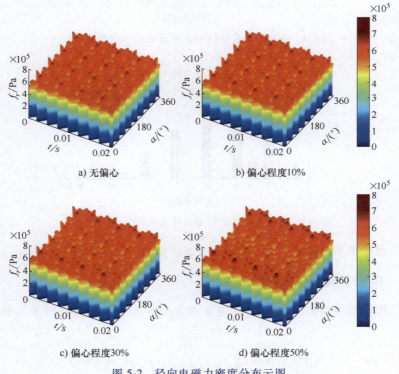

图 5-2　径向电磁力密度分布云图

对静态偏心电机转子表面电磁力密度的时间与空间谐波进行频谱分析，不同程度静态偏心径向电磁力密度时变信号的频谱对比如图 5-3 所示，静态偏心在整个电周期中仅出现 1 次，高阶频带将受到转子偏心产生的调制作用，永磁同步电机模型为 8 极 12 槽，故 8 次谐波为电机转子的所对应的频率，因此在频率上出现 400Hz 的调制作用。因此 16 次谐波、24 次谐波、32 次谐波作为 8 次谐波的倍频也均有明显程度的增强。

相较于径向电磁力密度的时变特性，由于静态偏心的相对气隙长度固定，不同偏心程度下的各阶谐频在空间变化不明显，如图 5-4 所示。值得注意的是，未

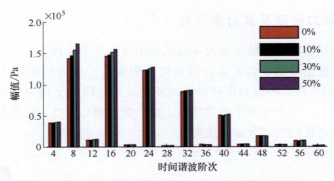

图 5-3　电磁力密度时间谐波频谱对比（静态偏心）

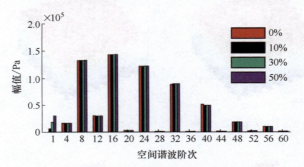

图 5-4　电磁力密度空间谐波频谱对比（静态偏心）

偏心时，电机轴频的幅值为 0。随着偏心程度增大，其幅值逐渐增大。

5.1.3　电磁转矩脉动特性

不同程度静态偏心下的电磁转矩如图 5-5 所示。由于电机设置为恒转速起

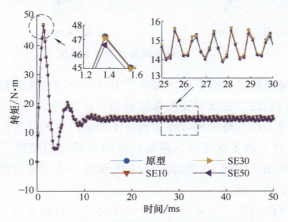

图 5-5　不同程度静态偏心下的电磁转矩变化

动，当电机通电后，电磁转矩在瞬间达到最大值，然后在 20ms 后趋于稳定。由于存在脉动特性，电磁转矩随电机运动呈周期性变化。通过对比发现，静态偏心对电磁转矩影响较小。在起动阶段，随着静态偏心程度的增大，电磁转矩在通电后达到的最大转矩幅值降低。平稳运行阶段，偏心程度在 0 ~ 30% 范围内，电磁转矩波形及幅值基本不变。当偏心程度达到 50% 时，电磁转矩幅值出现降低。

5.1.4　不平衡磁拉力及其矢量分布

通过对转子表面的电磁力密度积分，可获得电机在静态偏心故障下不平衡磁拉力分布，如图 5-6 所示。由于转子与转轴同步偏移，电机气隙的相对长度 δ 仅为机械角度 α 的函数，不随转子的运动发生变化，因此不平衡磁拉力的作用方向保持不变，且始终指向偏心方向。

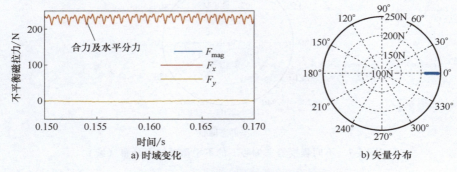

a) 时域变化　　　　　　　　b) 矢量分布

图 5-6　静态偏心下的不平衡磁拉力

随着偏心方向静态偏心距的增加，不平衡磁拉力的幅值增大，脉动范围也增大，不同程度下的不平衡磁拉力矢量分布如图 5-7 所示。

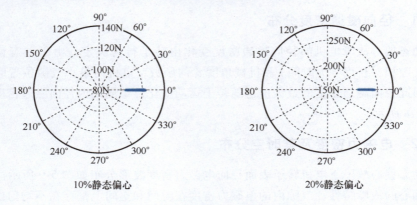

10%静态偏心　　　　　　　　　20%静态偏心

图 5-7　不同程度静态偏心下的不平衡磁拉力分布

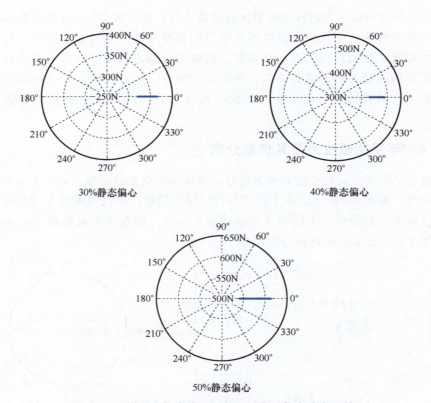

图 5-7　不同程度静态偏心下的不平衡磁拉力分布（续）

5.2　动态偏心对电磁特性的影响研究

5.2.1　径向磁通密度分布

　　动态偏心故障电机的径向磁通密度变化由转子行为决定，由于动态偏心特性，气隙相对长度 δ 为时间 t 和机械角度 α 的函数，电机内最小气隙位置时刻变化，因此径向磁通密度的最大值也随转子运动变化，单周期内径向磁通密度分布如图 5-8 所示。

5.2.2　电磁力密度及其时空分布

　　动态偏心故障下电机转子表面径向电磁力密度波形分布如图 5-9 所示。由于动态偏心的故障特性，气隙内的电磁力密度在时间和空间上都存在不均匀性，当转子运行至近偏心侧，径向电磁力密度达到峰值，并且随着偏心程度的增大，径

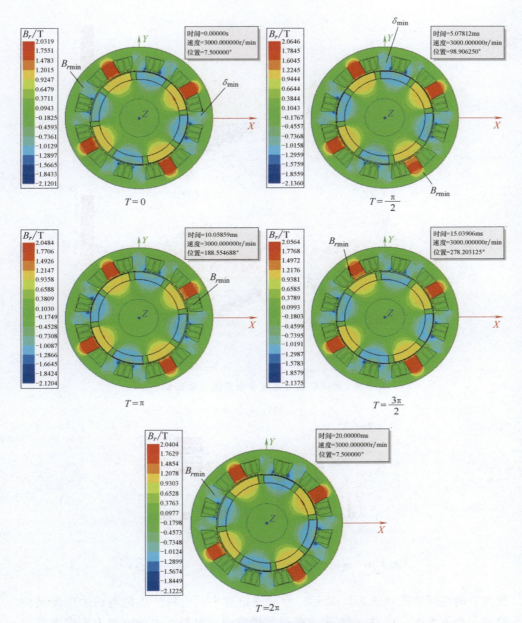

图 5-8　动态偏心单周期内径向磁通密度分布

向电磁力密度在旋转周期内的不均匀性显著提高。

对动态偏心电机转子表面电磁力密度的时间与空间谐波进行频谱分析，不同程度动态偏心径向电磁力密度的时变信号的频谱对比如图 5-10 所示，不同偏心

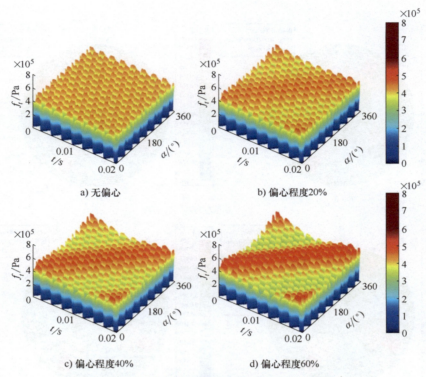

图 5-9　径向电磁力密度分布云图（动态偏心）

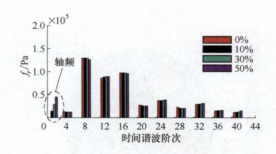

图 5-10　电磁力密度时间谐波频谱对比（动态偏心）

程度下的空间谐波如图 5-11 所示。在时间谐波中，电机产生的电磁力密度谐波阶次主要为 8 次、12 次、16 次。在空间谐波中，电机产生的电磁力密度谐波阶次主要为 8 次、16 次、24 次、32 次。随着偏心程度的增大，各阶谐波的幅值无明显变化趋势。但由于动态偏心的气隙长度随转子运动时刻变化，因此电磁力密度的空间谐波与时间谐波频谱在偏心工况下均产生了轴频，并且随着偏心程度的提高，该频率的幅值增大。

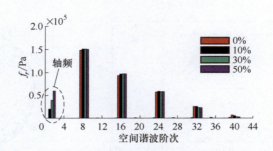

图 5-11　电磁力密度空间谐波频谱对比（动态偏心）

5.2.3　电磁转矩脉动特性

不同程度动态偏心下的电磁转矩变化如图 5-12 所示。由于电机设置为恒转速起动，当电机通电后，电磁转矩在瞬间达到最大值，然后在 20ms 后趋于稳定，由于存在脉动特性，电磁转矩呈周期性变化。随着动态偏心程度的增大，起动阶段，电磁转矩在通电后达到的最大转矩幅值降低。平稳运行阶段，偏心程度在 0~30% 范围内，电磁转矩波形不变，脉动幅值随偏心程度的增加而减小；偏心程度达到 50% 时，电磁转矩波形改变，失去原始的转矩脉动特性，且幅值继续降低。相比于静态偏心故障，动态偏心故障对电磁转矩的影响更明显，这主要是动态偏心改变了转子原有的运动行为所导致的。

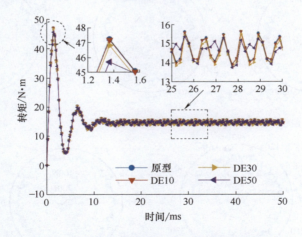

图 5-12　不同程度动态偏心下的电磁转矩变化

5.2.4　不平衡磁拉力及其矢量分布

当电机产生动态偏心故障时，单周期内的不平衡磁拉力分布如图 5-13 所示。

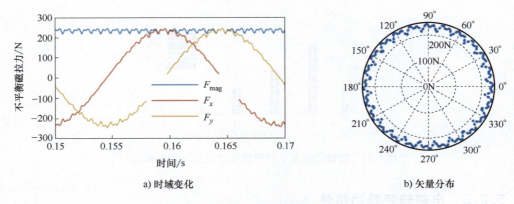

a) 时域变化　　　　　　　　　　b) 矢量分布

图 5-13　动态偏心下的不平衡磁拉力

由于转子相对于旋转中心发生偏移，因此电机气隙相对长度 δ 会随转子的运动行为发生变化，不平衡磁拉力的方向也会随时间变化。

不同程度动态偏心下的不平衡磁拉力呈同心齿环分布，不平衡磁拉力幅值在一定范围内波动，方向随转子运动时刻变化。随着偏心程度增加，不平衡磁拉力的幅值增大，如图 5-14 所示。

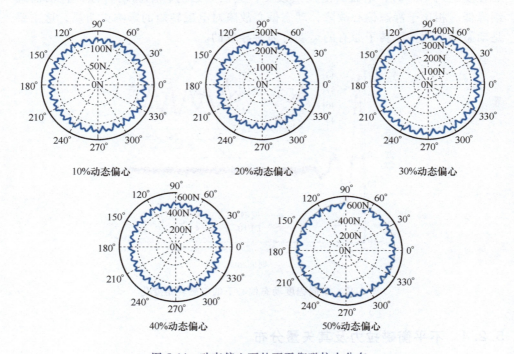

10%动态偏心　　　　　　　20%动态偏心　　　　　　　30%动态偏心

40%动态偏心　　　　　　　50%动态偏心

图 5-14　动态偏心下的不平衡磁拉力分布

5.3　混合偏心对电磁特性的影响研究

当电机出现混合偏心时，单周期内的不平衡磁拉力分布如图 5-15 所示。此时不平衡磁拉力的合力不再保持恒定，不平衡磁拉力合力的幅值和方向均随转子运动行为产生变化。

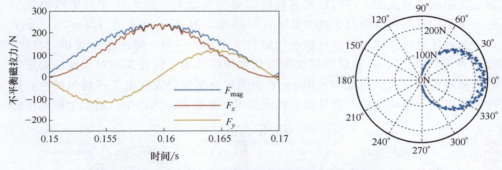

图 5-15　混合偏心下的不平衡磁拉力

根据偏心模型，混合偏心可解耦为动态偏心与静态偏心，则根据静态偏心与动态偏心程度的相对大小，混合偏心的故障类型可分为三类。

当动态偏心程度小于静态偏心程度时，不平衡磁拉力方向变化范围继续减小，如图 5-16a 所示；当动态偏心程度大于静态偏心程度时，电机整体表现为动态偏心的特点，但不平衡磁拉力分布的圆心发生偏移，如图 5-16b 所示；当动态偏心程度与静态偏心程度相当时，不平衡磁拉力方向的变化范围减小，且不平衡磁拉力分布图像过原点，如图 5-16c 所示。上述三种情况中，不平衡磁拉力的脉动特性均随其幅值增大而增强，因此不平衡磁拉力均呈偏心齿环分布，且偏心坐标与静态偏心方向保持一致。

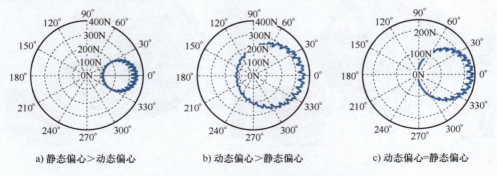

a) 静态偏心＞动态偏心　　　　b) 动态偏心＞静态偏心　　　　c) 动态偏心＝静态偏心

图 5-16　混合偏心下的不平衡磁拉力分布

5.4 轴向不均匀气隙偏心对电磁特性的影响研究

5.4.1 磁通密度

当转轴发生弯曲，由于转子朝向 x 轴正向一侧弯曲，因此沿高度方向上的平面上径向磁通密度的不均匀性随着高度的增加而增大。图 5-17 中对电机内某一定子齿上的磁通密度进行了放大显示，可见当 H 从 5mm 增长至 15mm 时，定子齿中深色区域逐渐增加，并且靠近气隙长度减小的一侧，磁通密度也相对较大。而当 $H=20$mm 时，虽然磁通密度未沿高度继续增加，但较其相对位置处的定子齿的磁通密度更大，因此 $H=20$mm 平面的磁通密度仍表现出了不均匀特性。这种磁通密度的不均匀特性会导致电机内部不平衡磁拉力的产生，进而加剧电机的

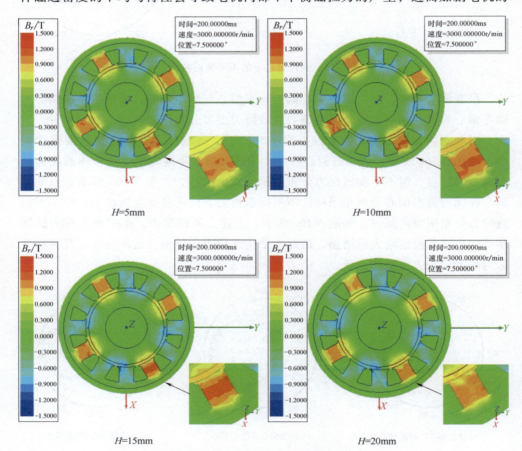

图 5-17　不同高度下径向磁通密度分布

振动水平。

　　图 5-18 为沿高度方向上切向磁通密度分布，其特性与径向磁通密度相同。综上，沿轴向方向，随着平面高度增加，电机轴向微元的动态偏心程度增大，径向磁通密度分布的不均匀度增加。

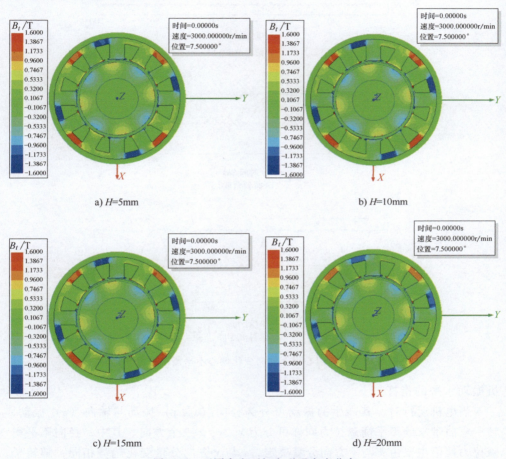

a) H=5mm　　　　　　　　　　　　　　　　　b) H=10mm

c) H=15mm　　　　　　　　　　　　　　　　　d) H=20mm

图 5-18　不同高度下切向磁通密度分布

5.4.2　不平衡磁拉力

　　轴向变化偏心故障的电机在上述非均匀磁场中将产生不平衡磁拉力，该不平衡磁拉力由 x、y、z 三个方向分量组成，其中对电机振动起主要作用的为 x 与 y 方向分量。两个周期内不同倾斜程度下的转子所受电磁力随时间的变化如图 5-19 所示，不平衡磁拉力的合力与平行偏心故障变换规律不同，合力幅值并没有随着转子倾斜角度的增加而增大。然而，合力的增长并不能作为评判电

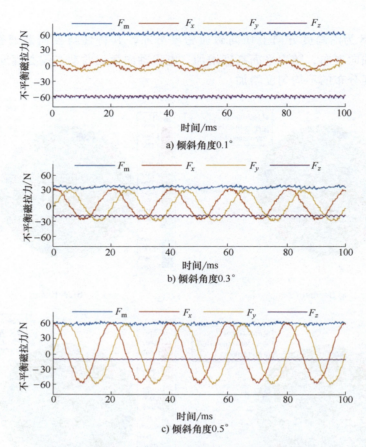

图 5-19　不同偏心程度轴向变化偏心不平衡磁拉力变化

机振动水平的指标。

当电机运行时，其产生的振动可分为径向（x，y）振动与轴向（z）振动，转子弯曲带来的不平衡磁拉力同样可分为 x、y、z 三个方向。其中，径向不平衡磁拉力幅值主要由 x 与 y 方向分量决定，x 与 y 方向分量变化趋势相同，随转子弯曲角度的增加，x 与 y 分量的脉动幅值增大。

通过对比不同程度的倾斜偏心发现，当转子倾斜角度增加时，x 与 y 方向的不平衡磁拉力分力幅值的脉动特性增强，这种结果产生的原因是 x 与 y 方向上的不平衡磁拉力主要由径向磁通密度决定，且在径向磁通密度的模拟结果（见图 5-17）中已指出，转轴弯曲故障会使电机不同高度截面上的径向磁通密度均匀性降低，当平面靠近弯曲方向一侧，磁通密度的不均匀程度增大，因此产生的不平衡磁拉力也增大。当电机无任何偏心时，轴向 z 方向上的不平衡磁拉力幅值近似为 0N，随着偏心程度的增大，轴向分力的幅值减小。

5.5　本章小结

本章以小型永磁同步电机为研究对象，通过电磁仿真计算了在气隙平行偏心（静态偏心、动态偏心、混合偏心）及轴向非均匀偏心下的磁通密度及不平衡磁拉力。通过时间-空间谐波阶次分析，得到了电磁力密度与电机参数的关系。通过极坐标矢量分布，得到了不平衡磁拉力与偏心类型的关系。本章研究揭示了不同偏心类型和程度下电机不平衡特性的演变规律。

参 考 文 献

［1］　刘正杨，宋永兴，王雨非，等. 偏心转子表面非平稳电磁力研究［J］. 山东建筑大学学报，2023，38（2）：57-62，78.

［2］　Alam F R, Abbaszadeh K. Magnetic field analysis in eccentric surface-mounted permanent-magnet motors using an improved conformal mapping method［J］. IEEE Transactions on Energy Conversion, 2016, 31（1）：333-344.

［3］　Chai F, Li Y, Pei Y, et al. Analysis of radial vibration caused by magnetic force and torque pulsation in interior permanent magnet synchronous motors considering air-gap deformations［J］. IEEE Transactions on Industrial Electronics, 2019, 66（9）：6703-6714.

［4］　Choi S, Haque M S, Tarek M T B, et al. Fault diagnosis techniques for permanent magnet ac machine and drives—a review of current state of the art［J］. IEEE Transactions on Transportation Electrification, 2018, 4（2）：444-463.

［5］　Di C, Bao X, Wang H, et al. Modeling and analysis of unbalanced magnetic pull in cage induction motors with curved dynamic eccentricity［J］. IEEE Transactions on Magnetics, 2015, 51（8）：1-7.

［6］　Dorrell D G. Sources and characteristics of unbalanced magnetic pull in three-phase cage induction motors with axial-varying rotor eccentricity［J］. IEEE Transactions on Industry Applications, 2011, 47（1）：12-24.

［7］　Ebrahimi B M, Faiz J, Roshtkhari M J. Static-, dynamic-, and mixed-eccentricity fault diagnoses in permanent-magnet synchronous motors［J］. IEEE Transactions on Industrial Electronics, 2009, 56（11）：4727-4739.

［8］　Faiz J, Ebrahimi B M, Akin B, et al. Finite-element transient analysis of induction motors under mixed eccentricity fault［J］. IEEE Transactions on Magnetics, 2008, 44（1）：66-74.

［9］　Galfarsoro U, McCloskey A, Zarate S, et al. Influence of manufacturing tolerances and eccentricities on the unbalanced magnetic pull in permanent magnet synchronous motors［J］. IEEE Transactions on Industry Applications, 2022, 58（3）：3497-3510.

［10］　Goktas T, Zafarani M, Akin B. Discernment of broken magnet and static eccentricity faults in permanent magnet synchronous motors [J]. IEEE Transactions on Energy Conversion, 2016, 31 (2): 578-587.

[11]　Kim H. Effects of unbalanced magnetic pull on rotordynamics of electric machines [D]. Lappeenranta: Lappeenranta-Lahti University of Technology LUT, 2021.

[12]　Kim H, Posa A, Nerg J, et al. Vibration effect by unbalanced magnetic pull in a centrifugal pump with integrated permanent magnet synchronous motor [C]. 10th International Conference on Rotor Dynamics-IFToMM. Cham: Springer International Publishing, 2019: 221-233.

[13]　Kim H, Posa A, Nerg J, et al. Analysis of electromagnetic excitations in an integrated centrifugal pump and permanent magnet synchronous motor [J]. IEEE Transactions on Energy Conversion, 2019, 34 (4): 1759-1768.

[14]　Kim M-J, Kim B-K, Moon J-W, et al. Analysis of inverter-fed squirrel-cage induction motor during eccentric rotor motion using fem [J]. IEEE Transactions on Magnetics, 2008, 44 (6): 1538-1541.

[15]　Li W, Ji L, Shi W, et al. Numerical investigation of internal flow characteristics in a mixed-flow pump with eccentric impeller [J]. Journal of the Brazilian Society of Mechanical Sciences and Engineering, 2020, 42 (9): 458.

[16]　Li Y X, Zhu Z Q. Cogging torque and unbalanced magnetic force prediction in pm machines with axial-varying eccentricity by superposition method [J]. IEEE Transactions on Magnetics, 2017, 53 (11): 1-4.

[17]　Li Y, Chai F, Song Z, et al. Analysis of vibrations in interior permanent magnet synchronous motors considering air-gap deformation [J]. Energies, 2017, 10 (9): 1259.

[18]　Liu F, Xiang C, Liu H, et al. Model and experimental verification of a four degrees-of-freedom rotor considering combined eccentricity and electromagnetic effects [J]. Mechanical Systems and Signal Processing, 2022, 169: 108740.

[19]　Liu X, Zhang Y, Wang X. Electromagnetic torque analysis of permanent magnet toroidal motor with planet eccentricity [C]. 2021 24th International Conference on Electrical Machines and Systems (ICEMS).

[20]　Liu Z, Song Y, Liu J, et al. Modulation characteristics of multi-physical fields induced by air-gap eccentricity faults for typical rotating machine [J]. Alexandria Engineering Journal, 2023, 83: 122-133.

[21]　Rezaee-Alam F, Rezaeealam B, Faiz J. Unbalanced magnetic force analysis in eccentric surface permanent-magnet motors using an improved conformal mapping method [J]. IEEE Transactions on Energy Conversion, 2017, 32 (1): 146-154.

[22]　Salah A A, Dorrell D G, Guo Y. A review of the monitoring and damping unbalanced magnetic pull in induction machines due to rotor eccentricity [J]. IEEE Transactions on Industry Applications, 2019, 55 (3): 2569-2580.

[23]　Sathyan S, Belahcen A, Lehikoinen A, et al. Investigation of the causes behind the vibrations of a high-speed solid-rotor induction motor [J]. Journal of Sound and Vibration, 2019, 463: 114976.

［24］ Song Y, Liu Z, Hou R, et al. Research on electromagnetic and vibration characteristics of dynamic eccentric pmsm based on signal demodulation ［J］. Journal of Sound and Vibration, 2022, 541: 117320.

［25］ Tao R, Xiao R, Liu W. Investigation of the flow characteristics in a main nuclear power plant pump with eccentric impeller ［J］. Nuclear Engineering and Design, 2018, 327: 70-81.

［26］ Weidong C, Lingjun Y, Bing L, et al. The influence of impeller eccentricity on centrifugal pump ［J］. Advances in Mechanical Engineering, 2017, 9 (9): 1687814017722496.

［27］ Xu X, Han Q, Chu F. Review of electromagnetic vibration in electrical machines ［J］. Energies, 2018, 11 (7): 1779.

［28］ Yu T, Shuai Z, Jian J, et al. Numerical study on hydrodynamic characteristics of a centrifugal pump influenced by impeller-eccentric effect ［J］. Engineering Failure Analysis, 2022, 138: 106395.

［29］ Zhao Y, Wang X, Zhu R. Effect of eccentricity on radial force and cavitation characteristics in the reactor coolant pump ［J］. Thermal Science, 2021, 25 (5 Part A): 3269-3279.

［30］ Zhu Z Q, Wu L J, Xia Z P. An accurate subdomain model for magnetic field computation in slotted surface-mounted permanent-magnet machines ［J］. IEEE Transactions on Magnetics, 2010, 46 (4): 1100-1115.

第 6 章

大型旋转电机电磁仿真及模态
分析研究

随着电力系统的发展，大型旋转电机在电力生产、传输和分配中扮演着至关重要的角色。为确保其高效、稳定和安全运行，深入研究大型旋转电机的电磁特性和结构动态特性显得尤为关键。电磁仿真研究在电机设计和优化中起着决定性的作用。通过电磁仿真，可以模拟电机系统在不同工作条件下的电磁特性、运动参数等，使研究人员深入了解各类工况及故障下的特征变化，对电机故障进行及时的检测及诊断。同时，模态分析也是研究电机系统结构动态特性的重要手段。通过旋转电机模态分析，有助于研究人员了解其在不同约束下的振动特性，预测潜在的环境耦合缺陷下电机系统可能发生的共振频率，并通过合理的安装设计，保证特定运行条件下结构的稳定性，从而避免电机系统运行中出现的振动、噪声指标不合格，甚至更严重的结构破坏问题。本章以大型感应电机为例，通过仿真计算对不同气隙偏心故障下的电磁特性进行研究，并与永磁同步电机的不平衡磁拉力特性进行对比。同时，针对立式和卧式电机进行了模态分析，分别研究了不同垫片材料和底座连接形式对电机模态的影响。

6.1 大型感应电机电磁仿真

6.1.1 厂用水泵电机 YKKL500-6

1. 参数化建模

YKKL500-6 为一厂用水泵电机，该高压三相异步电机为封闭带空-空冷却器的笼型异步电机。Y 代表异步电机，KK 代表冷却方式，电机内外均为空冷散热，L 代表立式电机，500 代表电机功率为 500kW，6 代表电机极数为 6。

根据给定的最大转矩倍数（最大转矩 T_M/额定转矩 T_N）、起动转矩倍数（堵转转矩 T_{st}/额定转矩 T_N）、起动电流倍数（堵转电流 I_{st}/额定电流 I_N），可确定符合设计数据的电机电磁模型及计算参数，如图 6-1 和表 6-1 所示。

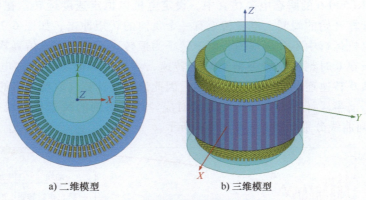

a) 二维模型　　　　　　　　b) 三维模型

图 6-1　YKKL500-6 电磁分析模型

表 6-1　YKKL500-6 电磁计算参数

参数	值	参数	值
型号	YKKL500-6	转子外径/mm	496.8
功率/kW	575	极数	6
额定电压/V	10000	定子槽数	72
额定电流/A	42.9	转子槽数	58
转速/(r/min)	994	连接形式	Y
效率(%)	93.8	最大转矩倍数	2.0
功率因数	0.83	起动转矩倍数	0.8
定子外径/mm	720	起动电流倍数	6.5
气隙长度/mm	1.6		

由于大型异步电机存在未知结构或电磁参数，因此通过参数化建模的方式，使设计电机参数与实际电机额定参数尽量逼近，以此保证数值模拟分析结果符合实际。YKKL500-6 电机性能参数的额定值与设计值对比见表 6-2。

表 6-2　参数化建模与实际电机性能对比

参数	额定值	设计值
功率/kW	575	575.62
额定电流/A	42.9	41.44
功率因数	0.83	0.84
效率(%)	93.80	94.49
转速/(r/min)	994	995.5
最大转矩倍数	2.0	2.34
起动转矩倍数	0.8	0.70
起动电流倍数	6.5	5.85

在 YKKL500-6 的瞬态电磁仿真中，设定电机以恒定速度运转。在电磁转矩-时间曲线计算开始的瞬间，电磁转矩有一个负向的转矩冲击，如图 6-2 所示。这是正常的电机运行中不会出现的，由于转子为恒转速运行，电磁仿真软件的给定工况为转子在 0 时刻前已经被拖至额定转速，然后在 0 时刻突然加电。在实际中，电机从 0 转速逐渐加速至额定转速，因此该方法计算仅取稳定后的转矩数值作为参考，前半段计算无实际工况与之对应。计算得到的瞬态相电流-时间及瞬态功率-时间曲线分别如图 6-3 及图 6-4 所示。

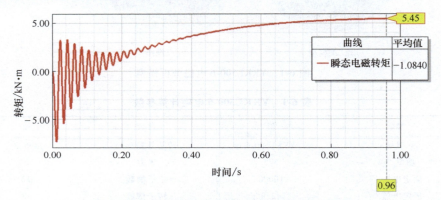

图 6-2　恒定转速起动的瞬态电磁转矩-时间曲线

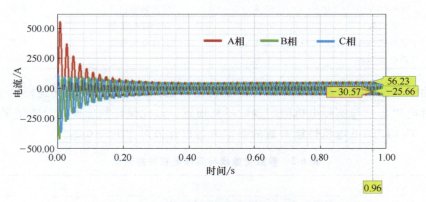

图 6-3　恒定转速起动下瞬态相电流-时间曲线

YKKL500-6 电机的额定电流为 42.9A，输出功率为 575kW。电磁仿真软件建立的电机达到稳定工作点时，电磁转矩为 5.45kN·m，定子电流为 41.43A，输入电功率为 579kW，输出机械功率为 567kW。所建立的电机有限元模型的参数与设计值的偏差较小，因此可对其电磁特性进一步分析。

2. 电磁特性仿真结果分析

YKKL500-6 笼型异步电机极数为 6，其电机内部磁通密度的分布如图 6-5 所

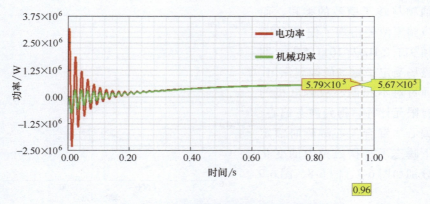

图 6-4　恒定转速起动下瞬态功率-时间曲线

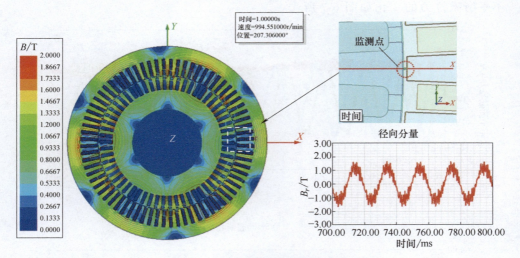

图 6-5　YKKL500-6 磁通密度分布

示。磁感线按极数分布，且跟随转子逆时针转动。电机的一个完整的电周期为
60ms，在气隙磁通密度波形图中，周期内存在 6 个波峰，与电机极数对应。

对 YKKL500-6 气隙磁通密度进行快速傅里叶变换（FFT），得到的频谱如图
6-6 所示。由于电频率为 50Hz，因此频谱中 50Hz 代表了定子绕组产生的旋转磁
场频率，当电机达到额定转速时的轴频为 16.6Hz，但由于电机无偏心故障，因
此在频谱中未出现轴频成分。

异步电机与永磁同步电机的频谱分布相似，气隙磁通密度频谱中各频率对应
定转子特征。YKKL500-6 定子槽数为 72，转子槽数为 58，因此频谱中的
911.2Hz 及 1011.5Hz 对应电机转子槽的特征频率。与永磁同步电机不同的是，
由于气隙磁场受定子磁场及转子磁场相互作用的影响，转子槽对应的特征频率不

等于轴频与转子槽数的乘积，而是在该频率两侧出现了偏差 50Hz 的谐频 911.2 Hz 及 1011.5Hz，即转子磁场受定子磁场的调制作用。

通过对不同偏心故障电机的电磁有限元计算，得到静态偏心、动态偏心、混合偏心故障时额定转速下瞬态不平衡磁拉力的变化曲线分别如图 6-7、图 6-8、图 6-9 所示。

当电机出现动态偏心故障时，不平衡磁拉力的变化如图 6-7 所

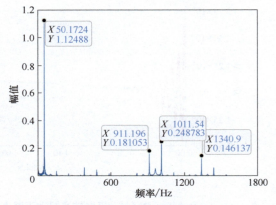

图 6-6　YKKL500-6 气隙磁通密度频谱

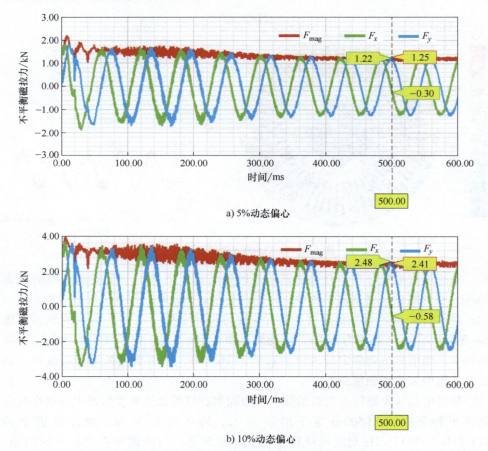

a) 5%动态偏心

b) 10%动态偏心

图 6-7　YKKL500-6 不平衡磁拉力曲线（动态偏心故障）

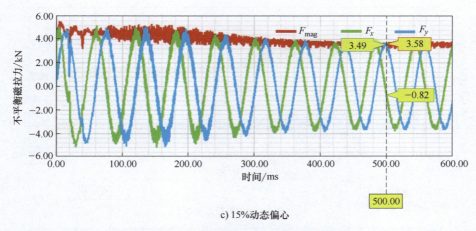

c) 15%动态偏心

图 6-7　YKKL500-6 不平衡磁拉力曲线（动态偏心故障）（续）

示。由于转子运动行为的变化，转子自转且沿偏心转轴公转，气隙长度分布随转子运动发生变化，因此电机转子在 X 和 Y 方向产生具有一定相位差的不平衡磁拉力。

当电机出现静态偏心故障时，不平衡磁拉力的变化如图 6-8 所示。由于转子与定子间的相对位置不随转子运动发生改变，因此电机转子仅在偏心方向产生不平衡磁拉力，Y 方向与偏心方向垂直，该方向产生的不平衡磁拉力可忽略不计。

当电机出现混合偏心故障时，不平衡磁拉力的变化如图 6-9 所示。稳定状态下，不平衡磁拉力合力的幅值不再保持恒定，不平衡磁拉力合力的幅值随转子的运动行为而呈周期变化。

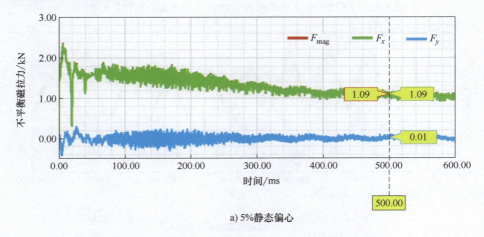

a) 5%静态偏心

图 6-8　YKKL500-6 不平衡磁拉力曲线（静态偏心故障）

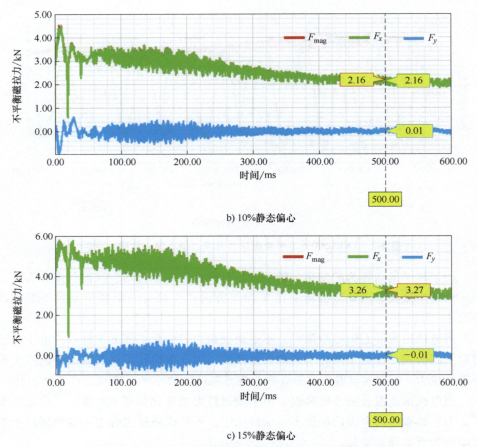

b) 10%静态偏心

c) 15%静态偏心

图 6-8 YKKL500-6 不平衡磁拉力曲线（静态偏心故障）（续）

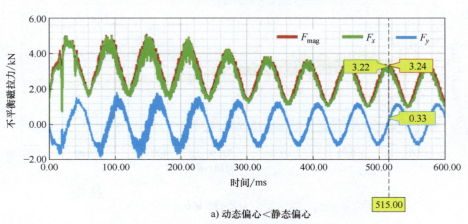

a) 动态偏心＜静态偏心

图 6-9 YKKL500-6 不平衡磁拉力曲线（混合偏心故障）

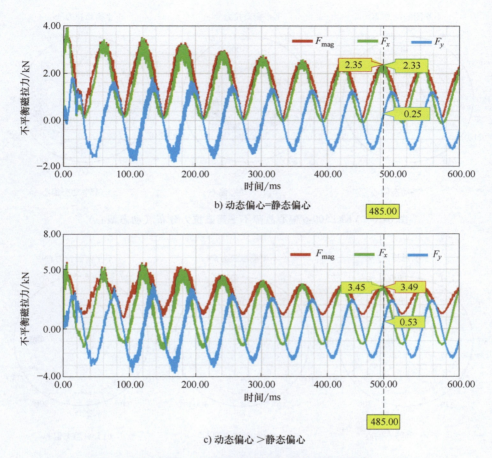

b) 动态偏心=静态偏心

c) 动态偏心 >静态偏心

图 6-9　YKKL500-6 不平衡磁拉力曲线（混合偏心故障）（续）

异步电机的不平衡磁拉力特性与永磁同步电机相同，各类偏心故障下的不平衡磁拉力在极坐标中的分布如下。动态偏心故障下，不平衡磁拉力的合力在某一范围脉动，方向跟随转子运动时刻变化，如图 6-10 所示；静态偏心故障下，不平衡磁拉力合力的脉动特性与动态偏心相同，合力的方向指向偏心侧，如图 6-11 所示；混合偏心故障可分解为静态偏心与动态偏心的叠加故障[1,2]，静态偏心程度决定了不平衡磁拉力极坐标分布的圆心，动态偏心程度决定了不平衡磁拉力极坐标分布的半径，如图 6-12 所示。

不同偏心故障下的不平衡磁拉力水平（X）分量的频谱特征如图 6-13 所示。静态偏心的不平衡磁拉力分力的频谱中包含的 16.2Hz、100.4Hz、1163.7Hz 分别对应 YKKL500-6 的轴频 f_s、极数倍的轴频 Pf_s、定子槽数倍的轴频 Z_1f_s，该类与轴频相关的频率幅值均随偏心程度的增大而升高。

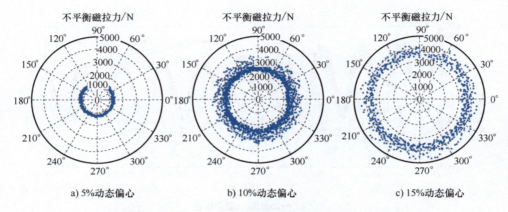

a) 5%动态偏心　　　　　　　b) 10%动态偏心　　　　　　　c) 15%动态偏心

图 6-10　YKKL500-6 偏心故障不平衡磁拉力分布（动态偏心）

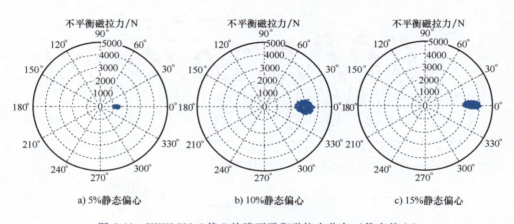

a) 5%静态偏心　　　　　　　b) 10%静态偏心　　　　　　　c) 15%静态偏心

图 6-11　YKKL500-6 偏心故障不平衡磁拉力分布（静态偏心）

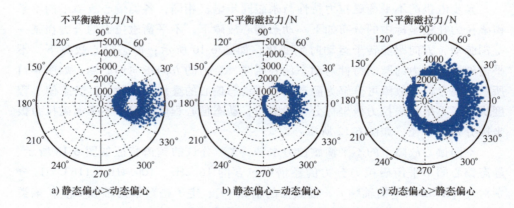

a) 静态偏心>动态偏心　　　　b) 静态偏心=动态偏心　　　　c) 动态偏心>静态偏心

图 6-12　YKKL500-6 偏心故障不平衡磁拉力分布（混合偏心）

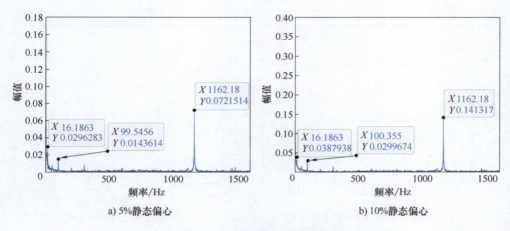

图 6-13　YKKL500-6 不平衡磁拉力频谱特性（静态偏心）

与静态偏心故障相比，动态偏心下不平衡磁拉力的脉动特性更明显，其脉动周期与轴频相同，如图 6-14 所示。不平衡磁拉力分力的频谱中的轴频 f_s 为主频带，随偏心程度的增加，轴频幅值升高。

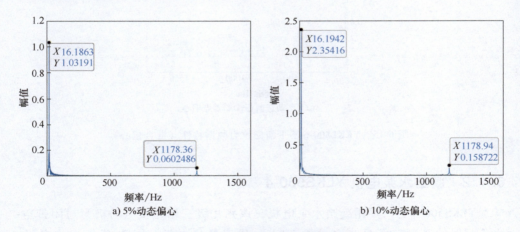

图 6-14　YKKL500-6 不平衡磁拉力频谱特性（动态偏心）

当电机出现混合偏心故障时，频率特征与动态偏心频谱基本相同，主要频率为轴频 f_s 定子槽数倍轴频 Z_1f_s，如图 6-15 所示。相比于静态偏心，混合偏心及动态偏心的频谱中均产生了额外的频率 1179Hz，该频率与 Z_1f_s 相差一倍的轴频 f_s。当动态偏心程度小于静态偏心程度时，$(Z_1+1)f_s$ 的幅值小于 Z_1f_s；当动态偏心程度大于静态偏心程度时，$(Z_1+1)f_s$ 的幅值大于 Z_1f_s；当静态偏心程度等于动态偏心程度时，$(Z_1+1)f_s$ 的幅值与 Z_1f_s 的幅值相当。

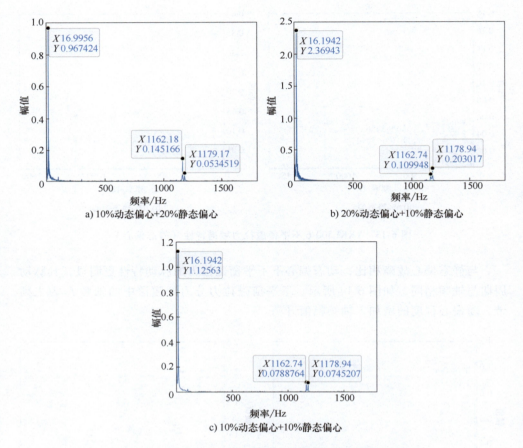

a) 10%动态偏心+20%静态偏心

b) 20%动态偏心+10%静态偏心

c) 10%动态偏心+10%静态偏心

图 6-15   YKKL500-6 不平衡磁拉力频谱特性（混合偏心）

6.1.2   凝结水泵电机 YLKS560-4

　　YLKS560-4 为一厂用凝结水泵电机，该兆瓦级三相异步电动机为封闭带空-水冷却器的笼型转子异步电动机。"Y" 代表异步电机；"L" 代表立式电机；"KS" 代表冷却方式，电机内部为空冷散热，外部为水冷散热；560 代表电机机座号，机座中心高 355mm；4 表示电机极数。根据给定的最大转矩倍数（最大转矩 T_M/额定转矩 T_N）、起动转矩倍数（堵转转矩 T_{st}/额定转矩 T_N）、起动电流倍数（堵转电流 I_{st}/额定电流 I_N），可确定符合设计数据的电机电磁计算参数见表6-3，符合设计数据的电机仿真模型如图 6-16 所示。

　　YLKS560-4 大型异步电机同样存在未知结构参数，通过参数化建模，得到YLKS560-4 电机性能参数的额定值与设计值对比见表 6-4。

表 6-3　YLKS560-4 电磁计算参数

参数	值	参数	值
型号	YLKS560-4	转子外径/mm	550
功率/MW	1.8	极数	4
额定电压/V	6600	定子槽数	60
额定电流/A	176.6	转子槽数	50
转速/(r/min)	1490	连接形式	Y
效率(%)	96.5	最大转矩倍数	2.4
功率因数	0.923	起动转矩倍数	0.73
定子外径/mm	850	起动电流倍数	6.4
气隙长度/mm	5		

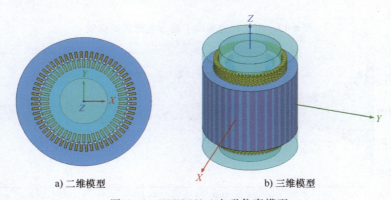

a) 二维模型　　　　　　　　　　b) 三维模型

图 6-16　YLKS560-4 电磁仿真模型

表 6-4　参数化建模与实际电机性能对比

参数	额定值	设计值
功率/kW	1800	1819.1
额定电流/A	176.6	188.87
功率因数	0.923	0.880
效率(%)	96.5	95.38
转速/(r/min)	1490	1494.9
最大转矩倍数	2.4	2.77
起动转矩倍数	0.73	0.69
起动电流倍数	6.4	7.06

　　YLKS560-4 电机的额定电流为 176.6A，输出功率为 1800kW。电磁仿真软件建立的电机运行参数稳定时，电磁转矩为 11.41kN·m，定子电流为 188.87A，输入电功率为 1790kW，输出机械功率为 1760kW。YLKS560-4 电机在恒定转速工况起动时，计算得到的瞬态电磁转矩-时间曲线、瞬态相电流-时间曲线及瞬态功率-时间变化曲线分别如图 6-17、图 6-18、图 6-19 所示。

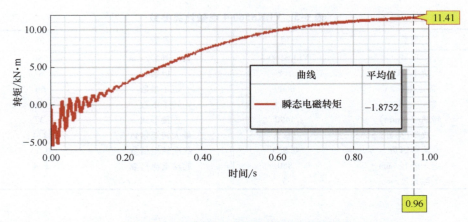

图 6-17 恒定转速起动下瞬态电磁转矩曲线

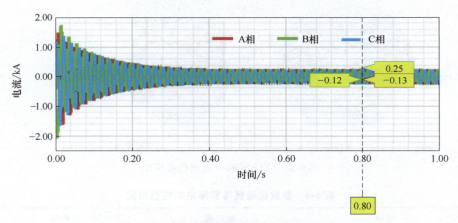

图 6-18 恒定转速起动下瞬态相电流曲线

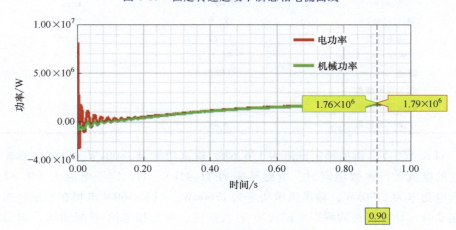

图 6-19 恒定转速起动下瞬态功率曲线

　　YLKS560-4 笼型异步电机极数为 4，其电机内部磁通密度的分布如图 6-20 所示，磁感线按极数分为 4 部分，随转子逆时针转动。在气隙磁通密度波形图中，电机的一个完整的电周期为 40ms，周期内存在 4 个波峰，与电机极数对应。电机转速为 1490r/min，在额定转速下的轴频为 24.83Hz。

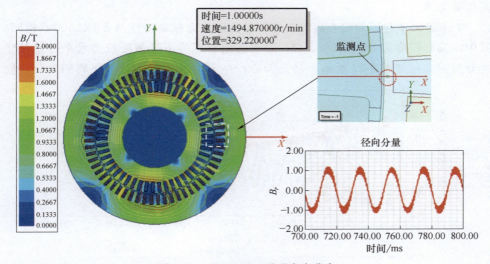

图 6-20　YLKS560-4 磁通密度分布

　　对 YLKS560-4 的径向气隙磁通密度进行傅里叶变换，得到的磁通密度频谱如图 6-21 所示。由于电频率为 50Hz，因此频谱中 50Hz 代表了定子绕组产生的旋转磁场频率。YLKS560-4 定子槽数为 60，转子槽数为 50，频谱中的 1195.87Hz 及 1296.53Hz 对应电机转子槽的特征频率，与 YKKL500-6 相同，上述谐频均为受定子磁场的调制作用的结果，与转子槽数倍的轴频 1246Hz 相差 50Hz。

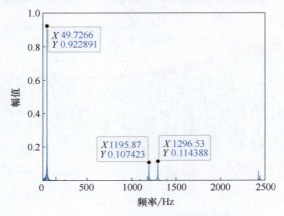

图 6-21　YLKS560-4 磁通密度频谱

当 YLKS560-4 设置 10% 的动态偏心时，其不平衡磁拉力的幅值与 YKKL500-6 相同偏心程度下的不平衡磁拉力幅值相近。这是由于不平衡磁拉力是气隙磁导与气隙磁动势所共同决定的。由于 YLKS560-4 电机具有较大的气隙长度，因此其气隙内气隙磁导数值较小，因此计算的不平衡磁拉力的幅值未与电机功率形成正相关关系。

YLKS560-4 在不同偏心故障下的不平衡磁拉力脉动特性与 YKKL500-6 相同。其中，偏心程度为 5%、10%、15% 的动态偏心下的不平衡磁拉力水平分量及竖直分量的变化如图 6-22 所示。动态偏心产生不平衡磁拉力分力呈周期变化，稳

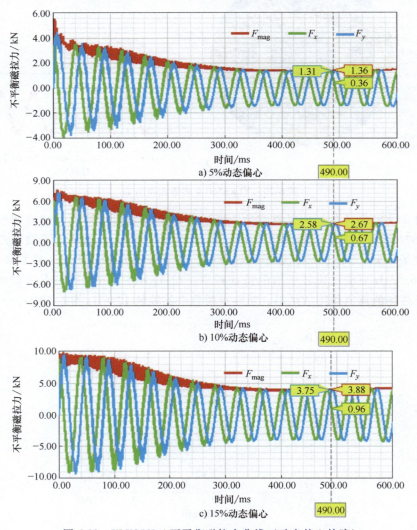

图 6-22　YLKS560-4 不平衡磁拉力曲线（动态偏心故障）

定运行工况时的不平衡磁拉力合力大小保持不变。

不同程度动态偏心下不平衡磁拉力分布如图 6-23 所示。YLKS560-4 为一台兆瓦级异步电机，由于功率较大，因此偏心故障所产生不平衡磁拉力的脉动更强，图中虚线圆环内为电机达到稳定阶段时的不平衡磁拉力分布，虚线圆环外为电机起动阶段不平衡磁拉力的分布。随着偏心程度的增加，不平衡磁拉力幅值所对应的圆环半径增大。

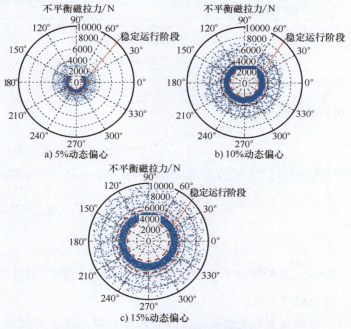

图 6-23　YLKS560-4 偏心故障不平衡磁拉力分布

不同程度静态偏心故障下的不平衡磁拉力水平分量及竖直分量的变化如图 6-24 所示。静态偏心水平分量及合力存在一定程度的脉动，稳定运行工况时的

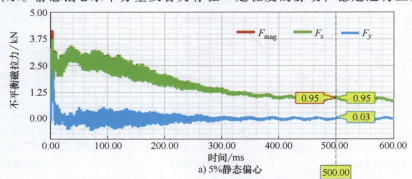

图 6-24　YLKS560-4 不平衡磁拉力曲线（静态偏心故障）

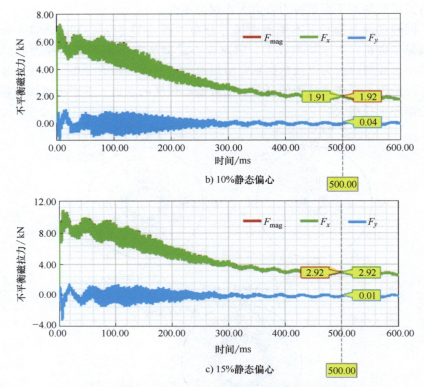

b) 10%静态偏心

c) 15%静态偏心

图 6-24   YLKS560-4 不平衡磁拉力曲线（静态偏心故障）（续）

不平衡磁拉力合力保持不变。

　　不同程度静态偏心下不平衡磁拉力分布如图 6-25 所示，在起动阶段，不平衡磁拉力幅值更高，且不平衡磁拉力方向在偏心方向上存在小范围波动，当电机到达稳定运行工况，不平衡磁拉力方向幅值基本保持不变，不平衡磁拉力方向指

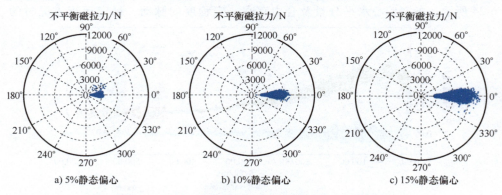

a) 5%静态偏心　　　　　　　　b) 10%静态偏心　　　　　　　　c) 15%静态偏心

图 6-25   YLKS560-4 偏心故障不平衡磁拉力分布（静态偏心）

向偏心方向。

　　不平衡磁拉力在动态偏心故障下具有显著的轴频特征，如图 6-26 所示，这是由于转子的转动行为变化产生的。在静态偏心故障下，静态偏心的频谱中包含轴频 f_s，极数倍的轴频 Pf_s，定子槽数倍的轴频 $Z_1 f_s$，如图 6-27 所示。各类偏心故障中，与轴频相关的频率幅值均随偏心程度的增大而升高，上述特性均与 YKKL500-6 相同。

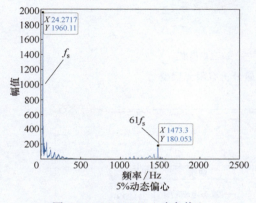

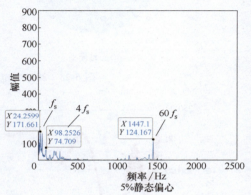

图 6-26　YKLS560-4 动态偏心　　　　图 6-27　YKLS560-4 静态偏心
不平衡磁拉力频谱　　　　　　　　　不平衡磁拉力频谱

6.1.3　常规岛除盐水泵电机 280S-2

　　280S-2 为常规岛除盐水泵 PWT125-100-250S 的驱动电机，根据《中小旋转电机设计手册》[3]，可得到该型号电机的常规参数见表 6-5。根据各项电磁参数建立的 280S-2 的电磁模型如图 6-28 所示。

表 6-5　280S-2 电磁计算参数

参数	值	参数	值
型号	280S-2	定子内径/mm	255
功率/kW	75	气隙长度/mm	1.3
额定电压/V	380	转子内径/mm	85
额定电流/A	133.3	极数	2
转速/(r/min)	2970	定子槽数	42
效率（%）	93.0	转子槽数	34
功率因数	0.90	连接形式	△
定子外径/mm	445		

　　电机 280S-2 采用泵类负载，当电机在额定转速下运行时，计算得到的瞬态电磁转矩-时间曲线、瞬态相电流-时间曲线、瞬态功率-时间曲线分别如图 6-29、图 6-30、图 6-31 所示。

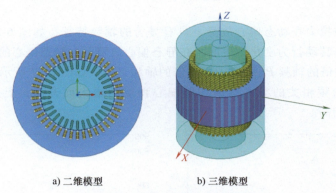

a) 二维模型　　　　　　　　b) 三维模型

图 6-28　280S-2 电磁分析有限元模型

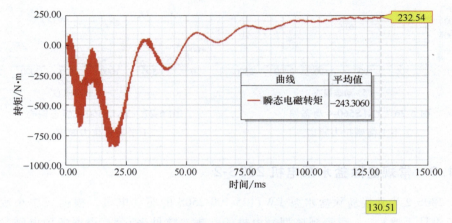

图 6-29　恒定转速起动下的瞬态电磁转矩曲线

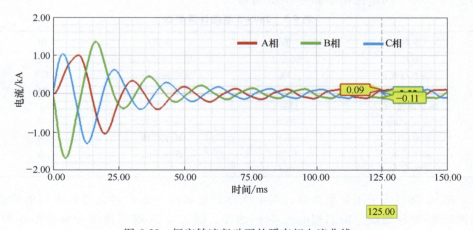

图 6-30　恒定转速起动下的瞬态相电流曲线

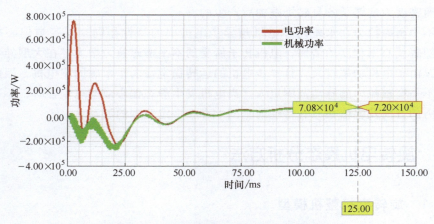

图 6-31　恒定转速起动下的瞬态功率曲线

笼型异步电机 280S-2 的极数为 2，其电机内部磁通密度的分布如图 6-32 所示。在气隙磁通密度波形图中，电机的一个完整的电周期为 20ms，单周期内存在 2 个波峰，与电机极数对应，其中电机每极对应定转子槽数决定了气隙磁通密度中的峰值数量。

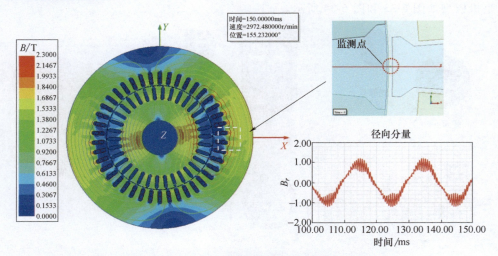

图 6-32　280S-2 磁通密度分布及磁通密度波形图

6.1.4　大型感应电机与小型永磁同步电机研究结论对比

结合前面对大型异步电机及永磁同步电机 UMP 的分析，可得出以下结论：

磁通密度在永磁同步电机与异步电机中的特性相同，通过对两类电机气隙磁通密度的傅里叶变换可知，电机内部气隙磁通密度分布与电机的槽极数相关，气隙磁通密度为定转子各自磁场叠加后产生的。

不平衡磁拉力在永磁同步电机与异步电机中的特性相同，在各类偏心故障下，随着偏心率程度的增加，电机转子所受的不平衡磁拉力增大。在大型异步电机中，由于电机功率较大，且异步电机的运转稳定性弱于永磁同步电机，因此电机中不平衡磁拉力的脉动范围更大。当电机发生静态偏心或动态偏心时，不平衡磁拉力的方向及幅值在原有特性的基础上存在一定范围的波动。

6.2 旋转电机模态分析方法

6.2.1 旋转电机整机模型

根据美国电气与电子工程师协会（IEEE）和美国电力研究院（EPRI）对感应电机的故障调查，由振动导致的轴承故障和转子故障约占电机总故障的50%[4,5]。对于电机系统，模态分析是开展结构动力学特性分析的基础，是结构振动特性研究的基本，其计算所得的电机固有频率及模态振型是研究电机振动特性的重要参数指标[6-8]。以常规岛除盐水泵电机 280S-2 为例，建立的卧式电机整机模型如图 6-33 和图 6-34 所示。

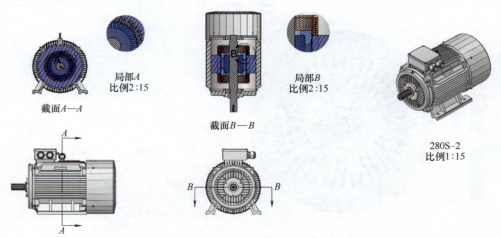

图 6-33　280S-2 电机结构示意图

由于电机零件众多且复杂，部分零部件上小尺寸的特征会是网格出现畸变，网格质量降低，导致计算精度降低，甚至计算结果无法收敛。因此，在建立有限元模型中对零部件做了以下简化：

1）绕组线束被等效为实体。

2）删除螺栓等紧固件，通过接触面的约束进行固定。

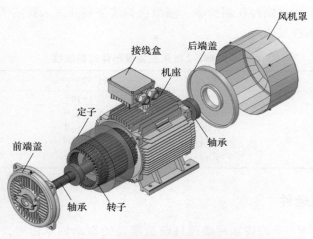

图 6-34　280S-2 电机内部结构

3) 删除接线盒、风机罩等对电机模态影响较小的零部件，保留圆角、倒角、肋片等电机特征。

6.2.2　模态分析方程

多自由度系统振动时，各阶振动模态可通过一组模态参数确定，包括固有频率、模态振型、模态质量、模态刚度和模态阻尼等[9]。电机系统在进行模态分析时，其动力学模型可由下式进行表示[10,11]：

$$[M]\{\ddot{x}\}+[C]\{\dot{x}\}+[K]\{x\}=\{F(t)\} \tag{6-1}$$

式中，$[M]$ 为系统整体的质量矩阵；$[C]$ 为系统整体的阻尼矩阵；$[K]$ 为系统整体的刚度矩阵；$F(t)$ 为系统上的广义外力；$\ddot{x}$ 为加速度矢量；$\dot{x}$ 为速度矢量；x 为位移矢量。

当电机系统不考虑阻尼及外力时，式（6-1）可简化为

$$[M]\{\ddot{x}\}+[K]\{x\}=\{0\} \tag{6-2}$$

式（6-2）通解可表示为

$$\{x\}=\{\varphi\}\mathrm{e}^{\mathrm{j}\omega t} \tag{6-3}$$

把通解代入可得

$$([K]-\omega^{2}[M])\{\varphi\}=0 \tag{6-4}$$

式中，ω 为电机系统的固有频率，φ 为系统的模态振型。

6.2.3　材料设置

电机的机壳、端盖、接线盒为铝合金制成，转轴材料为 42CrMo，转子铁心

与定子铁心均采用硅钢片压制而成，绕组由铜线绕制并嵌入到定子槽中，各主要零部件的材料属性见表 6-6。

表 6-6　280S-2 电机主要零部件材料属性

部件名称	密度/(g/cm^3)	杨氏模量/Pa	泊松比
轴	7.85	2.1×10^{11}	0.28
机壳/端盖	2.66	7.0×10^{10}	0.32
定子/转子铁心	7.65	2.0×10^{11}	0.27
绕组	6.30	0.9×10^{10}	0.30
轴承	7.75	1.9×10^{11}	0.31

6.2.4　约束条件

卧式电机 280S-2 的转轴两端通过前后端盖的滚动轴承固定，机座底部通过地脚螺栓与底面连接，如图 6-35 所示。因此在模态分析的约束条件中，采用两个转动副来模拟前后端盖内滚动轴承，通过机脚底面的弹性支承来模拟不同材质的垫片，通过螺栓孔的固定约束来模拟地脚螺栓连接。螺栓和垫片作为设备连接的基本元件，对设备的性能、安全性和可靠性都有着重要的影响。选择适当的螺栓和垫片材料、规格和安装方法对于设备的正常运行和维护至关重要[12,13]。

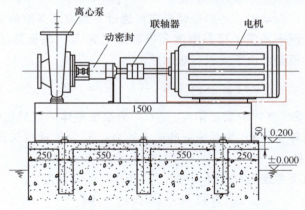

图 6-35　卧式电机 280S-2 安装示意图

6.2.5　固有频率及模态振型

1. 固有频率及共振

结构系统在受到外界激励产生运动时，将按特定频率发生自然振动，这个特定的频率被称为结构的固有频率，通常一个结构有很多个固有频率。固有频率与外界激励没有关系，是结构的一种固有属性。不管外界有没有对结构进行激励，结构的固有频率都是存在的，只是当外界有激励时，结构是按固有频率产生振动响应的。

固有频率的阶次根据频率的大小确定。基频是指结构的第一阶固有频率。结构发生振动时，通常不会是以某一个频率振动，而是有多个振动频率，通常在这些振动频率中，能量最大的振动频率称为主频。

共振是指系统受到外界激励时产生的响应，表现为大幅度的振动，此时外界激励频率与系统的固有振动频率相同或者非常接近。共振是一种现象，共振发生时的频率称为共振频率。不管共振发生与否，结构的固有频率是不变的，而只有当外界的激励频率接近或等于系统的固有频率时，系统才发生共振现象[14,15]。

2. 模态振型

模态振型，也称为模态向量，模态振型向量，模态位移向量。模态振型，通俗地讲是每阶模态振动的形态。但从数学上讲，模态振型是模态空间的"基"向量。在线性代数中，基向量是描述、刻画向量空间的基本工具。向量空间中任意一个元素，都可以唯一地表示成基向量的线性组合。在模态空间，这个基向量的个数就是模态的阶数。模态振型是电机结构的动力学固有特性，通过观察模态振型可以更快地找到改进方案。旋转电机结构的模态振型如图 6-36 所示。

图 6-36　旋转电机结构的模态振型

例如，在二维模态空间中，对于线性时不变系统，系统任一点 i 的响应均可表示为各阶模态在 i 产生的响应的线性叠加：

$$x_i(\omega) = \sum_{r=1}^{N} q_r(\omega)\varphi_{ir}(\omega) \tag{6-5}$$

式中，φ_{ir} 为第 i 个测点的第 r 阶模态振型值，N 为模态阶数。由 M 个测点的振型值所组成的列向量，即第 r 阶模态向量 φ_r，也就是 M 阶模态振型。

$$\varphi_r = \begin{Bmatrix} \varphi_1 \\ \varphi_2 \\ \vdots \\ \varphi_M \end{Bmatrix} \tag{6-6}$$

6.3　旋转电机固有频率及模态振型研究

6.3.1　卧式电机模态分析

　　根据前面所述对原始工况约束条件下的电机进行模态仿真计算，提取前六阶的模态固有频率，见表 6-7。原始工况下，电机整机的一阶固有频率为 290.50Hz，对应的临界转速为 17255.7r/min。由于电机在额定频率为 50Hz 时，设计转速为 2970r/min，远小于该临界转速，因此整机在正常的转速范围内不会发生共振现象。因此在工程应用中，为避免水泵等设备共振现象的产生，应采取改变泵体或底座结构固有频率的方法，避免与电机固有频率重合。

表 6-7　卧式电机原始工况前六阶固有频率

模态阶次	固有频率/Hz	主要振型
一阶	290.50	电机沿 Y 方向摆动
二阶	369.65	定子变形横向摆动
三阶	476.34	电机沿 X 方向摆动
四阶	638.15	电机沿 Z 方向摆动
五阶	661.86	斜向摆动
六阶	725.35	定子变形纵向摆动

　　电机整机、电机定子-机座结构、电机转子-转轴结构的前六阶模态振型分别如图 6-37、图 6-38、图 6-39 所示。第一阶、第三阶、第四阶模态分别对应了电

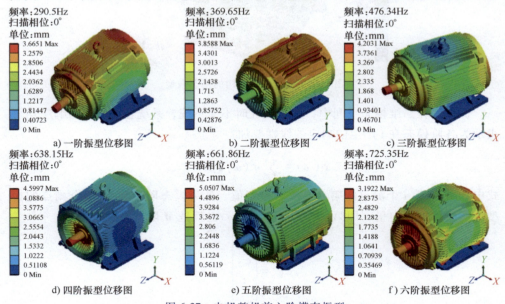

图 6-37　电机整机前六阶模态振型

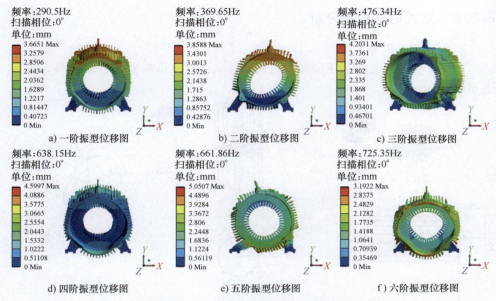

图 6-38　电机定子-机座结构前六阶模态振型

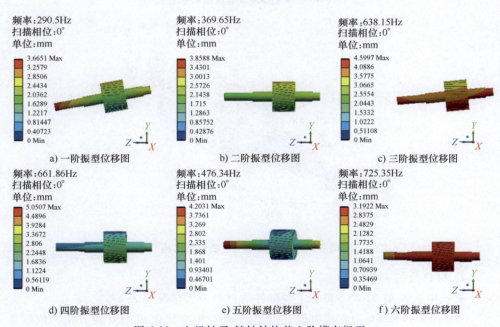

图 6-39　电机转子-转轴结构前六阶模态振型

机沿不同方向的摆动，其主要与转子-转轴结构摆动方向有关，第二阶模态及第六阶模态振动位移的产生均与定子形变有关。

6.3.2　立式电机模态分析

1. 电机整机模型

以厂重要水泵电机 YKKL500-6 为例，建立的立式电机整机模型如图 6-40 和图 6-41 所示。

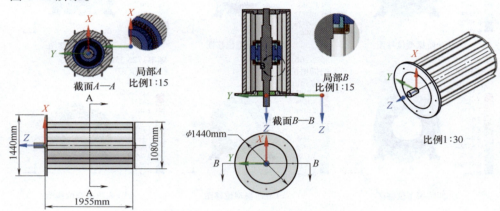

图 6-40　YKKL500-6 电机结构示意图

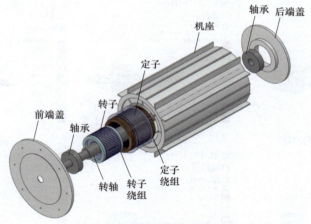

图 6-41　YKKL500-6 电机内部结构

2. 材料及约束条件

立式电机模型 YKKL500-6 主要部件的材料设置情况见表 6-8。

电机 YKKL500-6 为立式电机，根据图 6-42 中立式电机的安装方式，前端盖通过地脚螺栓与底面连接。因此在约束条件中，前后端盖内滚动轴承分别与转轴设置一对转动副，通过端盖的弹性支承来模拟不同材质及刚度的垫片，原始工况采用铸铁垫片。通过端盖处螺栓孔的固定约束模拟地脚螺栓连接。

表 6-8　YKKL500-6 电机主要部件材料表

部件名称	密度/（g/cm³）	杨氏模量/Pa	泊松比
轴	7.85	$2.1×10^{11}$	0.28
机壳/端盖	2.66	$7.0×10^{10}$	0.32
定子/转子铁心	7.65	$2.0×10^{11}$	0.27
绕组	6.30	$0.9×10^{10}$	0.30
轴承	7.75	$1.9×10^{11}$	0.31

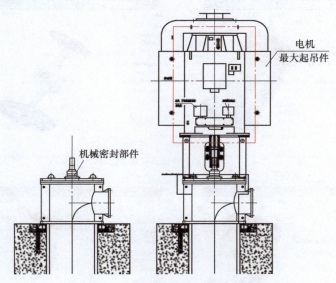

图 6-42　立式电机 YKKL500-6 安装形式

3. 固有频率

对原型电机的端盖各螺栓孔设置固定约束，通过模态分析，得到电机前六阶模态频率及主要振型见表 6-9。原始工况电机整机模型的一阶固有频率为 63.40Hz，由于电机 YKKL500-6 的额定转速为 994r/min，其最高机械运行频率为远低于电机结构的 1 阶固有频率，即电机运行转速远低于临界转速，因此电机在原始工况下不会发生共振现象。

表 6-9　YKKL500-6 原始工况前六阶固有频率及主要振型

模态阶次	固有频率/Hz	主要振型
一阶	82.53	机座自由端 Y 方向摆动
二阶	82.61	机座自由端 X 方向摆动
三阶	205.68	轴系 Y 方向形变
四阶	205.70	轴系 X 方向形变
五阶	234.61	轴系 Z 方向位移形变
六阶	245.50	机座切向扭转变形

4. 模态振型

通过模态分析，得到整机模型及转子结构的前六阶模态振型如图 6-43 所示，其中一、二阶模态振型分别对应机座水平（X）及竖直（Y）方向的摆动形变；三、四阶模态振型分别对应电机轴系竖直（Y）及水平（X）方向的形变；五阶模态对应电机轴系在 Z 方向的位移形变；六阶模态振型对应电机定子及机座切向扭转变形。

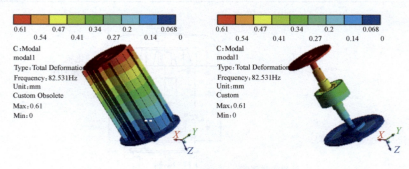

a) 一阶模态振型

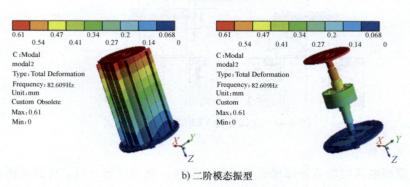

b) 二阶模态振型

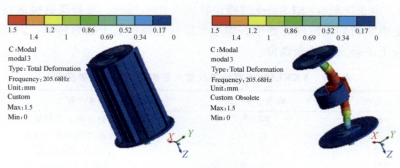

c) 三阶模态振型

图 6-43　原始工况 YKKL500-6 前六阶模态振型

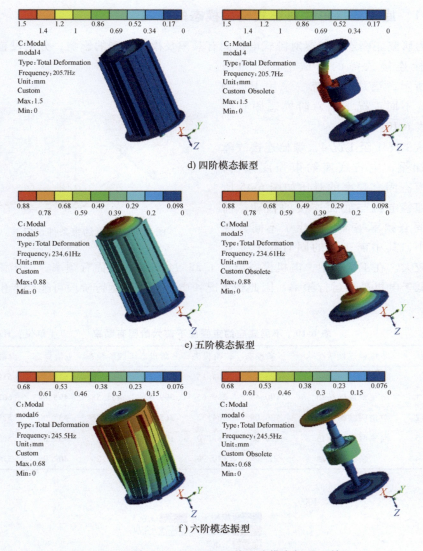

图 6-43　原始工况 YKKL500-6 前六阶模态振型（续）

6.4　旋转电机固有频率及模态振型研究

　　大型高速电机本身的振动问题在电机产品厂已经得到了广泛的研究，但在工程现场安装后，实际振动更大。除电机自身激振力引起的振动，环境耦合缺陷对电机振动响应也会产生较大影响。

6.4.1 底座连接形式对卧式电机模态的影响

为研究底座连接情况对卧式电机固有频率及模态振型的影响，分别设置了不同螺栓连接故障的测试工况，如图 6-44 所示，垫片材料统一采用 HT200 铸铁。不同工况下前六阶模态固有频率见表 6-10。

从工况 1 至工况 4，螺栓连接故障不断加重，电机底座约束强度减弱，各阶模态固有频率的对比如图 6-45 所示。随着电机与底面连接的松动，前六阶固有频率基本均产生了不同程度的减小，其中前三阶的固有频率变化

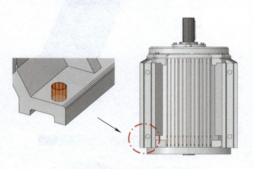

图 6-44 电机约束条件设置

程度较大。在工况 4 中，电机模态出现了 32.94Hz 的一阶固有频率。由于该固有频率低于电机最高运行频率，因此在工况 4 中，电机在运行阶段可能会产生共振现象。

表 6-10 不同底座约束强度下前六阶固有频率 （单位：Hz）

工况	螺栓连接情况	一阶模态	二阶模态	三阶模态	四阶模态	五阶模态	六阶模态
原始	无螺栓松动	223.41	304.15	423.27	461.79	519.79	619.26
工况 1	一颗螺栓松动	190.45	289.65	399.62	431.58	493.84	607.98
工况 2	对角两颗螺栓松动	130.09	264.32	365.68	377.26	437.00	575.80
工况 3	同侧两颗螺栓松动	110.03	181.70	198.57	376.67	452.02	560.98
工况 4	三颗螺栓松动	32.94	140.76	188.51	356.29	402.96	519.41

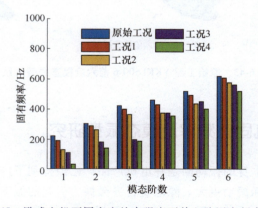

图 6-45 卧式电机不同底座约束强度下前六阶固有频率对比

6.4.2　底座连接形式对立式电机模态的影响

为探究底座连接情况对立式电机模态的影响，共设置以下两类不同的约束条件进行比较。

第一类工况，采用端盖面的固定约束替代原型电机的螺栓约束，以增加对电机底座的约束强度，固定约束设置的平面如图 6-46b 中标记的区域所示。

第二类工况，采用不完全的螺栓约束替代原型电机的全螺栓约束，通过改变螺栓约束的数量，以减小对电机底座的约束强度，固定约束设置的螺栓位置如图 6-46c、d 中标记的区域所示。

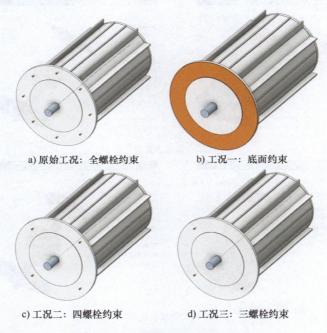

a) 原始工况：全螺栓约束　　　　　　　b) 工况一：底面约束

c) 工况二：四螺栓约束　　　　　　　d) 工况三：三螺栓约束

图 6-46　各类工况约束条件对比

通过模态分析，得到底面约束与原始工况的前六阶模态频率及主要振型的对比见表 6-11，底面约束工况下的前六阶模态振型如图 6-47 所示。

一、二阶模态振型分别对应电机机座水平（X）及竖直（Y）方向的摆动形变；三、四阶模态振型分别对应电机轴系水平（X）及竖直（Y）方向的形变；五阶模态振型对应电机定子及机座切向扭转变形，六阶模态振型对应转子离心力产生的径向拉伸形变。

当电机端盖施加螺栓约束时，底面对电机的约束程度较低，因此在电机的五阶模态中出现了轴系的轴向位移形变。当端盖与底面之间施加固定约束后，电机

表 6-11　不同底座连接形式 YKKL500-6 前六阶固有频率及主要振型

模态阶次	原始工况（螺栓约束）		底面约束	
	模态频率/Hz	主要振型	模态频率/Hz	主要振型
一阶	82.53	自由端 Y 方向摆动	124.48	自由端 Y 方向摆动
二阶	82.61	自由端 X 方向摆动	124.53	自由端 X 方向摆动
三阶	205.68	轴系 Y 方向形变	208.59	轴系 Y 方向形变
四阶	205.70	轴系 X 方向形变	208.61	轴系 X 方向形变
五阶	234.61	轴系 Z 方向形变	274.96	机座切向扭转变形
六阶	245.50	机座切向扭转变形	289.76	转轴径向拉伸变形

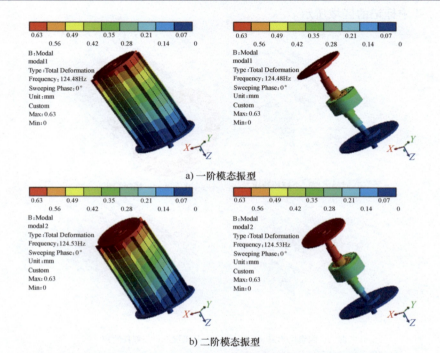

a) 一阶模态振型

b) 二阶模态振型

c) 三阶模态振型

图 6-47　底面约束工况 YKKL500-6 前六阶模态振型

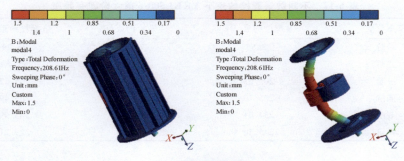

d) 四阶模态振型

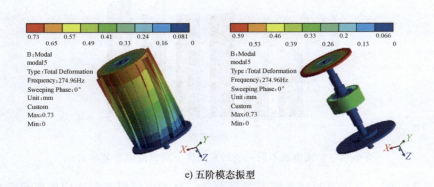

e) 五阶模态振型

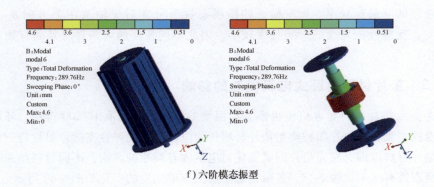

f) 六阶模态振型

图 6-47　底面约束工况 YKKL500-6 前六阶模态振型（续）

整体的轴向位移被限制，底面对电机的约束程度提高，因此在端面固定约束下，前六阶模态中未产生轴系的轴向位移形变的模态振型。

不同数量螺栓约束下电机的模态分析见表 6-12 和图 6-48。

表 6-12　不同数量螺栓约束下 YKKL500-6 前六阶固有频率

模态阶次	8 螺栓约束/Hz	4 螺栓约束/Hz	3 螺栓约束/Hz
一阶	82.53	78.92	76.29
二阶	82.61	78.98	78.48
三阶	205.68	205.48	205.32
四阶	205.70	205.50	205.49
五阶	234.61	222.84	205.99
六阶	245.50	230.33	229.21

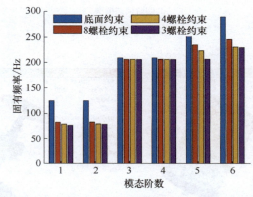

图 6-48　立式电机不同底座约束强度下前六阶固有频率对比

对比不同工况固有频率及模态振型变化，立式电机模态振型中机座形变程度较大的阶次的模态振型，如一阶、二阶、五阶、六阶，其各阶固有频率随着螺栓约束强度的降低而减小。而三阶、四阶模态振型分别对应轴系在 Y 方向及 X 方向形变，受螺栓松紧度的影响程度较小，因此不同强度约束条件对其固有频率影响较小。

6.4.3　垫片材料对卧式电机模态的影响

为揭示垫片材料对电机整机模态与振型的影响，共选取 HT200 铸铁、环氧树脂、橡胶、无石棉垫片四种典型垫片材料作为电机底面的弹性支撑。另设置三种非典型垫片材料以探究底面垫片刚度变化对电机固有频率的影响，不同材料垫片的前六阶模态固有频率见表 6-13，各阶模态随底面基础刚度的变化如图 6-49 所示。

随着基础刚度的降低，各阶固有频率均存在不同程度的减小趋势。以采用环氧树脂垫片的工况为例，卧式电机模型在一阶、三阶、六阶模态的固有频率分别为 217.07Hz、421.89Hz、618.89Hz；二阶、四阶、五阶的模态频率分别为 289.21Hz、444.75Hz、483.75Hz。与原始工况下的整机模态相比，一阶、三阶、六阶模态频率变化较小，而二阶、四阶、五阶频率变化较大。

表 6-13   不同材料垫片电机前六阶固有频率

材料	基础刚度 /(N/mm³)	一阶模态 /Hz	二阶模态 /Hz	三阶模态 /Hz	四阶模态 /Hz	五阶模态 /Hz	六阶模态 /Hz
HT200 铸铁	76.44	223.41	304.15	423.27	461.79	519.79	619.26
材料 1	63.70	222.21	301.94	423.01	458.37	513.78	619.19
材料 2	49.00	220.72	298.89	422.69	454.24	505.93	619.09
材料 3	34.30	219.10	295.06	422.34	449.90	496.72	619.00
环氧树脂	17.64	217.07	289.21	421.89	444.75	483.75	618.89
橡胶垫片	13.33	216.50	287.30	421.76	443.37	479.74	618.86
无石棉垫片	12.25	217.33	290.02	421.95	445.37	485.47	618.90

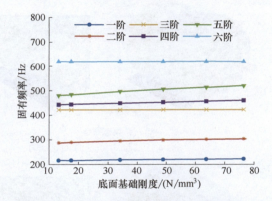

图 6-49   底面基础刚度对各阶固有频率的影响

　　各阶模态振型如图 6-50 所示，其中，一阶、三阶、六阶模态振型中机座位置处的形变位移小，而一阶、三阶、六阶固有频率受垫片材料的影响程度也较小。二阶、四阶、五阶模态的固有频率的形变位移大，而二阶、四阶、五阶固有频率受垫片材料的影响更明显。因此垫片材料对固有频率的影响主要取决于各阶固有频率对应的模态振型中机座位置的形变程度。

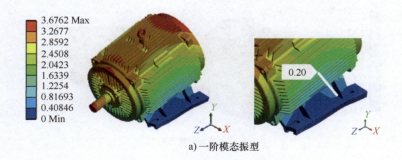

a) 一阶模态振型

图 6-50   卧式电机机座前六阶模态振型

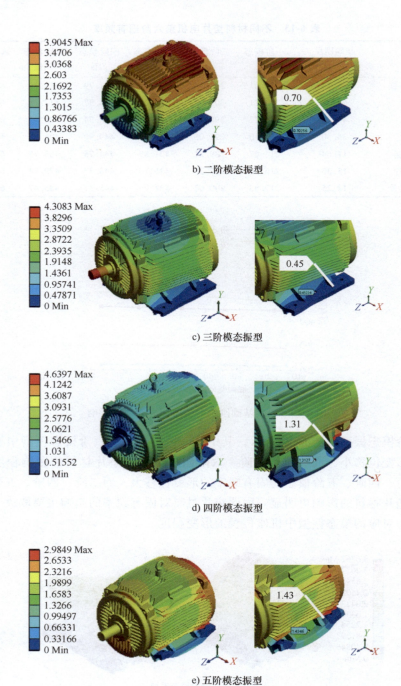

b) 二阶模态振型

c) 三阶模态振型

d) 四阶模态振型

e) 五阶模态振型

图 6-50 卧式电机机座前六阶模态振型（续）

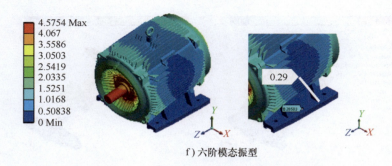

f) 六阶模态振型

图 6-50　卧式电机机座前六阶模态振型（续）

6.4.4　垫片材料对立式电机模态的影响

为探究垫片材料对立式电机模态的影响，分别采用了 HT200 铸铁垫片及橡胶垫片作为电机与底座之间的弹性支撑，电机底面约束条件均为全螺栓约束。其中，采用 HT200 铸铁垫片并施加全螺栓约束的为原始工况，通过模态分析，得到采用橡胶垫片与原始工况的立式电机前六阶模态频率对比见表 6-14。通过对比，图 6-51 所示的前六阶模态振型中，机座自由端 X 及 Y 方向摆动的固有频率降低；轴系 Z 方向位移形变的固有频率降低，模态阶次从五阶降至三阶；轴系 X 及 Y 方向的固有频率未产生变化，分别升为四、五阶模态；机座切向扭转变形的固有频率未产生变化。

表 6-14　不同垫片材料 YKKL500-6 前六阶固有频率及主要振型

模态阶次	原始工况（铸铁垫片）		橡胶垫片	
	模态频率/Hz	主要振型	模态频率/Hz	主要振型
一阶	82.53	自由端 Y 方向摆动	63.40	自由端 X 方向摆动
二阶	82.61	自由端 X 方向摆动	63.52	自由端 Y 方向摆动
三阶	205.68	轴系 Y 方向形变	185.38	轴系 Z 方向形变
四阶	205.70	轴系 X 方向形变	205.21	轴系 Y 方向形变
五阶	234.61	轴系 Z 方向形变	205.23	轴系 X 方向形变
六阶	245.50	机座切向扭转变形	245.45	机座切向扭转变形

上述结论与垫片材料对卧式电机的影响一致。因此，对于立式电机，垫片材料刚度的降低会使垫片垂直方向上具有形变位移的各阶模态频率降低，而对仅存在水平方向位移的各阶模态频率影响较小。

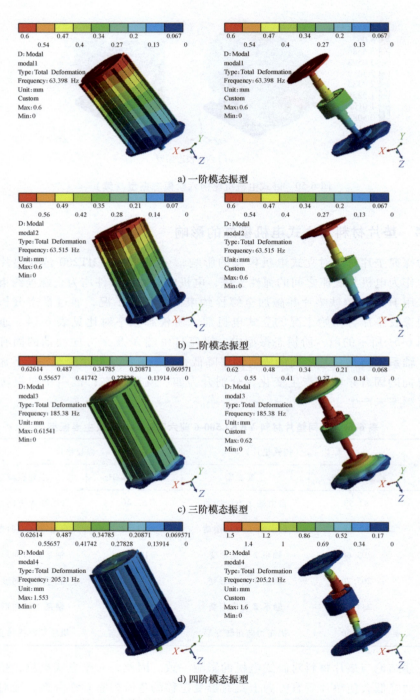

a) 一阶模态振型

b) 二阶模态振型

c) 三阶模态振型

d) 四阶模态振型

图 6-51　橡胶垫片工况 YKKL500-6 前六阶模态振型

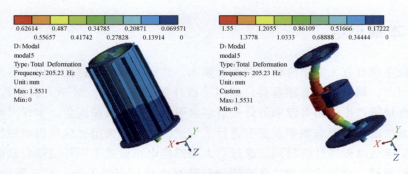

e) 五阶模态振型

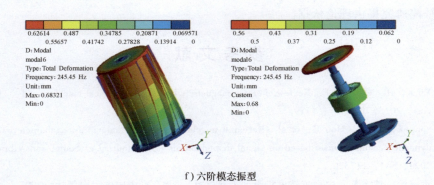

f) 六阶模态振型

图 6-51　橡胶垫片工况 YKKL500-6 前六阶模态振型（续）

6.4.5　固有频率及模态振型研究结论

底座连接形式对卧式电机与立式电机的影响不同。

卧式电机底座连接形式强度的降低会使各阶模态频率均减小，前三阶的固有频率减小程度较大。当电机模态出现低于电机最高运行频率的固有频率时，电机将可能在运行过程中出现共振现象。

由于立式电机底座连接方向与轴系方向平行，因此底座连接形式对各阶模态频率的影响不同，模态振型中机座形变程度较大的阶次，如一阶、二阶、五阶、六阶的模态频率随着螺栓约束强度的降低而减小；三阶、四阶模态振型分别对应轴系在 Y 方向及 X 方向形变，受螺栓松紧度的影响程度较小，因此其固有频率基本不变。

垫片材料对立式及卧式电机的影响一致，垫片材料刚度的降低会使垫片垂直方向上具有形变位移的各阶模态频率降低，而对仅存在水平方向位移的各阶模态频率影响较小。

6.5　本章小结

电机系统具有无穷多阶模态或固有频率，然而模态阶数越低，模态有效质量越大，因而，越低阶模态越重要，越容易被外界激励起来。对于大型旋转电机，环境耦合缺陷产生的固有频率的降低更容易引起设备的共振现象。本章对旋转电机的瞬态电磁场、模态频率及振型进行了讨论，论述了大型感应电机电磁特性与小型永磁电机电磁特性的异同，通过对大型感应电机设置不同环境耦合缺陷，揭示了垫片材料、底座连接形式环境耦合缺陷对电机模态的影响。在工程应用中，旋转电机的环境耦合缺陷是多种形式共存的，本章提出的研究方法可为复杂环境耦合缺陷研究提供理论依据。

参 考 文 献

[1]　Xu X, Han Q, Chu F. Review of electromagnetic vibration in electrical machines [J]. Energies, 2018, 11 (7)：1779.

[2]　Song Y, Liu Z, Hou R, et al. Research on electromagnetic and vibration characteristics of dynamic eccentric pmsm based on signal demodulation [J]. Journal of Sound and Vibration, 2022, 541：117320.

[3]　黄国治，傅丰礼. 中小旋转电机设计手册 [M]. 北京：中国电力出版社，2007.

[4]　Heising C. IEEE recommended practice for the design of reliable industrial and commercial power systems [M]. New York：IEEE Inc., 2007.

[5]　Albrecht P F, Appiarius J C, McCoy R M, et al. Assessment of the reliability of motors in utility applications-updated [J]. IEEE Transactions on Energy Conversion, 1986, EC-1 (1)：39-46.

[6]　邓文哲，左曙光，孙罕，等. 考虑定子铁心和绕组各向异性的爪极发电机模态分析 [J]. 振动与冲击，2017，36 (12)：43-49.

[7]　丁鸿昌，巩玉春，张述彪，等. 高速永磁同步电机转子模态分析与实验研究 [J]. 机床与液压，2021，49 (24)：52-56.

[8]　王飞，武俊杰. 永磁同步电机定子铁心模态分析与等效模型参数预测 [J]. 汽车科技，2022 (5)：35-41.

[9]　韦舒，覃一伦. 某新能源汽车驱动电机旋变盖模态分析 [J]. 装备制造技术，2021 (12)：173-175.

[10]　Liu F, Xiang C, Liu H, et al. Model and experimental verification of a four degrees-of-freedom rotor considering combined eccentricity and electromagnetic effects [J]. Mechanical Systems and Signal Processing, 2022, 169：108740.

[11]　毛文贵，傅彩明，李建华. 立式电机定子的模态仿真与实验研究 [J]. 机械强度，

2010，32（3）：517-520.

［12］ Qiu M，Wang D，Wei H，et al. Vibration modal analysis and optimization of the motor base ［J］. MATEC Web of Conferences，2018，175：03046.

［13］ 夏亚磊，李勇，张文涛，等. 大型汽轮发电机结构振动故障诊断与治理 ［J］. 电站系统工程，2022，38（3）：5-8.

［14］ 张未，吴文江，张交青. 车用永磁同步电机定子模态分析 ［J］. 石家庄铁道大学学报（自然科学版），2022，35（1）：76-80.

［15］ 李国华. 异步电机振动抑制与故障诊断方法研究 ［D］. 阜新：辽宁工程技术大学，2020.

第 7 章

偏心故障旋转电机多物理场
信号特征研究

旋转电机被广泛应用于能源及化工工程领域，为保证电机及其驱动的旋转机械系统性能及可靠性，了解并诊断设备的潜在故障至关重要。偏心故障是一类常见的电机问题，通常导致电机性能下降，严重时可能会造成设备损坏或停机。在旋转电机系统中，多物理场信号特征研究涉及振动、电磁、温度、压力等多种信号，通过分析这些信号，可以更全面地了解旋转机械的运行状态和健康状况。特别是在气隙偏心故障情况下，不同物理场的信号表现出的特定特性可用于早期诊断及预测，从而降低维修成本，并提高电机系统的稳定性与可靠性。主成分分析（Principal Component Analysis，PCA）和信号解调是信号处理和数据分析领域中常用的两种方法。对于多物理场信号，PCA 可以用于特征提取、数据压缩和去噪，将信号提取主成分降维，可有效识别和分离旋转机械信号中的关键特征。此外，信号解调也是旋转机械故障诊断的关键技术。旋转设备（如发动机、泵、风机等）在运行过程中产生的多物理场信号包含了大量有关设备状态的信息。通过对这些信号进行解调，可以提取出特定频率范围内的调制成分，从而更有效地分析设备的运行状况，检测潜在的故障。综合应用上述两种方法，可以在信号处理和数据分析中取得更好的效果。例如，PCA 在提取信号特征方面的能力可以用于预处理，然后再对还原后的信息应用信号处理方法，实现更精确的故障诊断特征提取。本章首先介绍了时频分析方法的基本理论、旋转设备信号组分及信号调制特征提取算法，旨在通过调制特征，探讨并揭示偏心故障机械多物理场信号激励机理，包括结构场信号、磁场信号、流场信号等，以及不平衡激励在各场之间的耦合及传递机制。

7.1 时频分析方法基本理论

7.1.1 基本概念

1. 频率

频率是描述信号幅值周期性变化的物理量，定义为单位时间内振动的重复率，此时间称为周期（以 T 表示）[1]。频率 f 的单位为赫兹（Hz），与周期（以 s 为单位）互为倒数：

$$f = \frac{1}{T} \tag{7-1}$$

2. 采样率

采样率是指在单位时间内进行采样的次数或频率。通常用赫兹（Hz）来表示，表示每秒采样的次数。采样率的计算方法是将单位时间内的采样点数除以时间的长度，例如，如果在 1s 内采集了 1024 个数据点，则采样率为 1024Hz。常用的采样率格式为 2^n，即 1024、2048、…、10240、20480 等。

采样率的选择应根据奈奎斯特（Nyquist）采样定律确定，即当等间隔采样频率 f_s 大于有限带宽信号中最高频率的 2 倍（$f_s > 2f_{max}$）时，采样之后的数字信号才能完整地保留原始信号中的信息，不发生混叠现象[2]。

3. 窗函数

窗函数（Window Function）是一种通过给信号加一个权重函数来减弱信号边界效应的方法。窗函数在频谱分析、滤波器设计等方面有广泛的应用[3]。

以短时傅里叶变换为例，常用的窗函数 $w(n)$ 包括矩形窗、汉宁（Hanning）窗、海明（Hamming）窗、高斯（Gaussian）窗、凯塞（Kaiser）窗等。

上述窗函数的表达式如下：

（1）矩形窗

$$\text{Rect}(n) = \begin{cases} 1, & 1 \leq n \leq M-1 \\ 0, & \text{其他} \end{cases} \tag{7-2}$$

（2）Hanning 窗

$$\text{Hanning}(n) = \begin{cases} 0.5\left(1 + \cos\left(\dfrac{2\pi n}{M-1}\right)\right), & 1 \leq n \leq M-1 \\ 0, & \text{其他} \end{cases} \tag{7-3}$$

（3）Hamming 窗

$$\text{Hamming}(n) = \begin{cases} 0.54 + 0.46\cos\left(\dfrac{2\pi n}{M-1}\right), & 1 \leq n \leq M-1 \\ 0, & \text{其他} \end{cases} \tag{7-4}$$

（4）Gaussian 窗

$$\text{Gauss}(n) = \begin{cases} \exp\left\{-\dfrac{\left[\dfrac{2n}{(M-1)\beta}\right]^2}{2}\right\}, & 1 \leq n \leq M-1 \\ 0, & \text{其他} \end{cases} \tag{7-5}$$

（5）Kaiser 窗

$$\text{Kaiser}(n) = \begin{cases} \dfrac{I_0\left[\beta\sqrt{1-\left(1-\dfrac{2n}{N-1}\right)^2}\right]}{I_0[\beta]}, & 1 \leqslant n \leqslant M-1 \\ 0, & \text{其他} \end{cases} \qquad (7\text{-}6)$$

在小波变换中，母小波 $\psi(t)$ 也起到窗函数的作用[4]，其数学表达式如下：

$$\psi_{s,\tau}(t) = \frac{1}{\sqrt{s}}\psi\left(\frac{t-\tau}{s}\right) \qquad (7\text{-}7)$$

式中，s 为尺度参数，与小波的缩放作用有关；τ 为平移参数，与小波窗口的位置有关，原始母小波中，$s=1$，$\tau=0$。

由式（7-2）~式（7-7）可知，在短时傅里叶变换中，时频窗口的大小只与窗函数 $w(n)$ 有关，当窗函数 $w(n)$ 确定，时频窗口的大小就随之确定。而在小波变换中，时频窗口的大小则与 s 有关。图 7-1 分别展示了使用短时傅里叶变换得到的时频域信号及使用小波变换得到的时频域信号的时频窗。图中每一个小方块表示一个时频窗，沿时间方向的边长表示时间分辨率，沿频率方向的边长表示频率分辨率。

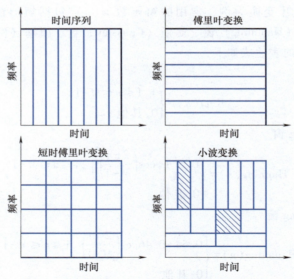

图 7-1　短时傅里叶变换与小波变换的窗函数对比

原始信号的时间序列中，时域的分辨率高，频域分辨率为 0。而傅里叶变换频域分辨率高，而时域分辨率为 0。短时傅里叶变换结合了上述两种方法的特点，但是由于每一个时频窗的面积都是固定的，并且受制于海森堡（Heisenberg）不确定原理[5]，即时间分辨率和频率分辨率成反比，所以这两个分辨率不能同时很高；小波变换在不同时间和频率上具有不同尺寸的时频窗，在频域分辨率和时域分辨率两者之间做了权衡：低频区域的变换结果具有较高的频率分辨率，在高频区域具有较高的时间分辨率。然而其本质上与短时傅里叶变换相同，仍然受到不确定原理的影响，并且小波变换的时频窗并非完全是自适应的，它需要人为地选择基函数。

7.1.2　基本方法及其应用

1. 短时傅里叶变换（Short-Time Fourier Transform，STFT）

傅里叶变换是一种全局的变换，时域信号经过傅里叶变换变为频域信号，但从频域是无法看到时域信息的。对于带有故障的旋转电机产生的非平稳信号，时域信息也是识别故障的关系，为实现时域及频域的同时观测，Gabor[6] 及 Cohen[7] 提出了傅里叶变换的改进版本——短时傅里叶变换。连续时域信号 $x(t)$ 的短时傅里叶变换 $\text{STFT}_{x(t)}(t, f)$ 及离散形式信号 $x(n)$ 的短时傅里叶变换 $\text{STFT}_{x(n)}(n, f)$ 可分别用下式表示：

$$\text{STFT}_{x(t)}(t, f) = \int_{-\infty}^{+\infty} x(t) w(t - \tau) \exp(-jwt) \mathrm{d}\tau \tag{7-8}$$

$$\text{STFT}_{x(n)}(n, f) = \sum_{-\infty}^{+\infty} x(n) w(n - m) \exp(-jwn) \tag{7-9}$$

式中，$x(t)$ 及 $x(n)$ 为输入信号；$w(t)$ 及 $w(n)$ 为窗函数；τ 及 m 为样本的偏移量。

STFT 的基本思想是不计算整个信号的离散傅里叶变换（Discrete Fourier Transform，DFT），而是使用时间局部化窗函数（如 Hanning 窗或 Gaussian 窗等）将信号分解为等长的较短片段，然后分别对信号的每个窗口段进行 DFT，这些处理后的 DFT 片段共同形成信号的时频谱，如图 7-2 所示。为根据 STFT 结果评估信号的频率成分，对 STFT 的结果二次方可得到原始信号的频谱图，其幅值可被理解为组分在时频域中的能量分布[8]。频谱图的数学表达式如下：

$$\text{SPEC}_{x(n)}(n, w) = \left| \text{STFT}_{x(n)}(n, w)^2 \right| \tag{7-10}$$

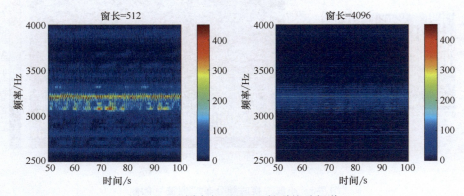

图 7-2　不同窗长下 STFT 得到的时频谱

STFT 使用窗函数来局部分析信号，这种窗函数的选择和参数调整可以根据信号特性进行优化。这使得 STFT 在对不同类型信号进行分析时更加灵活。因此，对于特定信号，选择适当的参数，STFT 方法能够在保留原始数据的基础上清晰地揭示信号的时频特征，如图 7-2 所示。

2. 小波变换（Wavelet Transform，WT）

小波变换是另一种时频域分析方法，它基于一系列"小波"分解信号，继承了 STFT 局部化处理的思想，同时又克服了窗口大小不随频率变化的缺点，能够提供随频率改变的"时间-频率"窗口。与 STFT 使用的窗口不同，小波族（例如 Haar、Morlets、Gaus、Coiflets 等）具有固定的窗，但小波函数是可伸缩的，这意味着小波变换适用于广泛的频率和时间分辨率。

小波变换主要包括三种变换：连续小波变换（Continuous Wavelet Transform，CWT），离散小波变换（Discrete Wavelet Transform，DWT），小波包变换（Wavelet Packet Transform，WPT）[9,10]。

对于时域信号 $x(t)$，其连续小波变换 $W_{x(t)}(s, \tau)$ 定义为

$$W_{x(t)}(s,\tau) = \frac{1}{\sqrt{s}} \int x(t) \overline{\psi}\left(\frac{t-\tau}{s}\right) \mathrm{d}t \tag{7-11}$$

式中，$\overline{\psi}$ 为母小波 ψ 的复共轭；尺度参数 s 和平移参数 τ 的值是连续的，这意味着可能有无限多的小波，换句话说，所获得的系数提供了在选择的窗口尺度和平移的情况下的一系列小波的振幅。

对于某些类型的信号，小波变换可能产生一些看似奇怪或不合理的效果[11]，被称为"假波"。图 7-3 为小波变换得到的时频分布，虽然在低频段取得

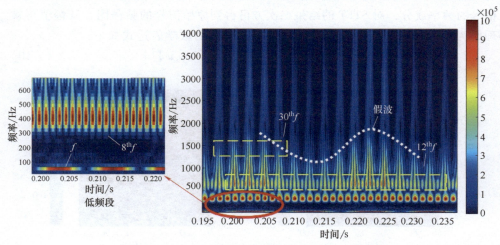

图 7-3 小波变换时频分布"假波"问题

了较高的时间分辨率，但对于高频部分仍然缺乏自适应性，由于高频部分频域分辨率过低，导致时频谱中出现正弦波形式的"假波"。而 STFT 基于傅里叶变换，不使用小波基函数，因此避免了小波变换中由于基函数选择不当导致可能出现的"假波"问题。

7.2　旋转设备信号组分

7.2.1　循环平稳信号

旋转机械产生的信号是一类特殊的非平稳信号，其非平稳特性表现为一定的周期性，即其统计特征参数随时间呈现出周期或多周期的变化规律，被称为循环平稳或周期平稳（Cyclostationary，CS）信号[12]。循环平稳信号是一类广泛存在的随机信号，与确定性周期信号有所不同，它具有非平稳特性，其统计特征参数随时间呈现出周期或多周期（各周期互质）的变化规律。

除了上述提到的周期性变化规律，循环平稳信号还涉及一阶和二阶循环平稳特性。一阶循环平稳性主要关注信号的统计特征参数随时间周期性变化，而二阶循环平稳性则关注信号的自相关函数在时间和频率上的周期性变化。这使得循环平稳信号更为复杂，同时也为其在实际应用中带来更多的挑战。

7.2.2　旋转机械信号的组分模型

旋转机械的信号主要包括确定性信号、调制信号和噪声信号三种组分[13]。旋转机械的振动传递系统可以视为线性时不变系统，监测信号为旋转机械的三种信号组分与传递路径函数卷积的结果，如图 7-4 所示[13]。

$$x(t) = \left[x_d(t) + x_m(t) + x_e(t) \right] * h \tag{7-12}$$

式中，$x(t)$ 为旋转机械监测信号，$x_d(t)$ 为监测信号中的确定性信号组分，$x_m(t)$ 为监测信号中调制信号组分，$x_e(t)$ 为监测信号中的噪声组分，$*$ 表示卷

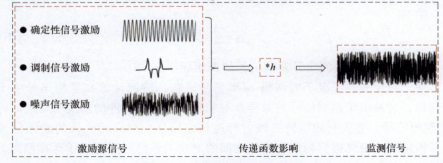

图 7-4　旋转机械信号组分模型

积运算，h 表示旋转机械振动源到监测点之间的传递函数。

7.2.3 旋转机械信号的组分分析

1. 确定性信号组分

旋转机械监测信号的确定性信号组分是由机械运转过程中机械故障引起的，比如转子不平衡、螺栓松动及轴不对中等故障。确定性信号组分的特点为，其振动信号模型可以利用函数模型进行准确表征，因此在稳态工况下其具有一阶的统计特性。旋转机械确定性信号组分的一阶统计特性可以表示为

$$x_d(t) = E[x_d(t+T_d)] \qquad (7-13)$$

式中，$E[\cdot]$ 为信息的统计平均函数，T_d 为信号的时间周期。

在稳态工况下，根据确定性信号的统计特性可知，该组分在进行信号的一阶统计分析时，信号的特征频率及幅值并不会发生显著变化。旋转机械监测信号确定性组分的统计特性是信号进行预处理分析的基础。

2. 调制信号组分

调制信号组分是旋转机械监测信号的特征组分，其由旋转机械旋转构件在旋转过程中周期性的冲击作用引起。在匀速运转工况下，旋转机械的调制信号为调幅信号；在变速运转工况下，旋转机械的调制信号为调幅-调频信号。对于旋转机械在匀速运转工况下产生的调幅调制信号，其调制信号的二阶统计量具有显著周期性，可表示为

$$x_{cr}(t,\tau) = E\{x_m(t)[x_m(t+\tau)]\} \qquad (7-14)$$

在稳态工况下，对于调幅调制信号，其二阶统计量具有稳定的周期性，如下所示：

$$x_{cr}(t,\tau) = x_{cr}(t+T_m,\tau) \qquad (7-15)$$

式中，T_m 为旋转机械监测信号二阶统计量的循环周期。二阶统计量的周期与调制信号的特征频率之间存在倒数关系，如式（7-16）所示，因此利用调幅信号的二阶统计特性能够准确地获得其调制周期，是进行调幅信号低频调制特征提取的有效手段。

$$\alpha = \frac{1}{T_m} \qquad (7-16)$$

式中，α 为旋转机械监测信号调幅信号的调制频率。

然而，对于变速工况下的调幅-调频信号，其二阶统计量在监测信号中不存在周期性，这是由于监测信号的采样点与旋转机械旋转构件的角度不对应。针对调幅-调频信号，首先利用旋转机械的转速相位信息，对旋转机械的监测信号进行重采样运算，最终得到幅值与相位之间的对应关系。利用重采样运算得到的重采样监测信号，其二阶统计量同样具有显著的周期性，此时能够得到监测信号的

阶次-调制频率之间的对应关系。

综上，旋转机械产生的辐射噪声中的调制信号组分具有高阶统计量的周期性，且其周期性能够准确反映旋转机械的低频特征频率，是进行旋转机械状态监测、故障预警和目标识别等应用的有效手段。

3. 噪声信号组分

旋转机械的监测信号中包含一定的噪声信号成分，该信号主要来自两个方面，即测试环境噪声和测量系统引入的噪声。旋转机械的噪声信号组分主要为高斯白噪声，其不具有一阶、二阶及高阶统计量的周期性。因此，利用噪声信号组分的统计学特性消除监测信号中的噪声组分，有助于旋转机械的故障特征提取。

7.3　旋转设备信号调制与解调

7.3.1　信号调制分析

旋转机械的信号形成过程包含一种调制机制，在这个过程中，载波信号中某些周期性分量承担了调制波的作用。此外，旋转设备故障的存在及产生也会出现信号调制现象，通过解调方法提取特征频率可以被视为一种基本策略。在故障诊断领域中，调幅（Amplitude Modulation，AM）和调频（Frequency Modulation，FM）是常见的信号调制现象。

调幅（AM）在旋转机械中是一种通过改变原始信号的振幅来调制（改变）一个载波信号的过程，如图 7-5 所示。调频（FM）在旋转机械故障诊断中是一种通过改变振动信号的频率来调制（改变）一个载波信号的过程，如图 7-6 所示。

在旋转机械故障诊断领域中，信号解调技术的应用可以提高故障检测和诊断的效果，在多物理场信号中提取出的调制特征更能准确和可靠地反映有关旋转机械故障的信息，有助于提前检测故障并进行有效的维修和维护。

7.3.2　信号解调分析

解调分析是针对旋转机械产生的循环平稳信号时变特性的一种有效方法。解调分析主要研究原始信号的包络线，若包络线表现出周期性的行为，则调制信号就用与这个周期相对应的频率进行调制。解调分析既可以应用于时间信号的包络以确定整体调制，也可应用于带通滤波信号的包络以确定作为载波频率的函数的调制。

当载波信号频谱为线谱时，其包络信号具有显著的周期性，如图 7-7 所示，其包络信号的周期性能够准确反映调制信号的特征频率信息，常见的故障包括：主轴磨损、叶片损伤等。

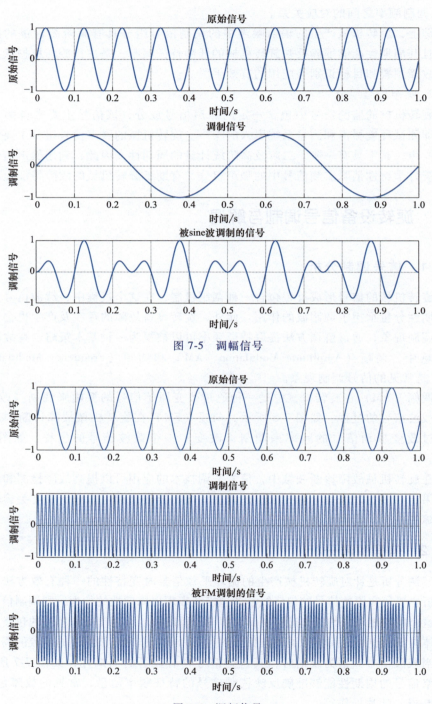

图 7-5 调幅信号

图 7-6 调频信号

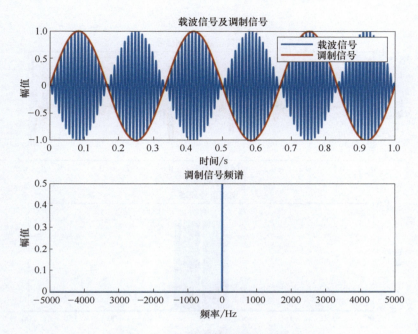

图 7-7　单组分幅值调制信号及频谱

因此，对于简单的单组分调幅调制信号可以利用包络解调、共振解调、谱峭度分析等算法实现监测信号中调制信号特征频率信息的提取。当载波信号频谱为线谱时，调幅调制信号具有明显的频谱特征。对于单线谱载波调制的调幅信号，其频谱存在明显的边频带，且边频带存在明显的对称性，能够反映调制信号的特征频率。

当载波信号频谱为宽带信号时，宽带载波调幅调制仿真信号的时域信号和包络信号如图 7-8 所示。常见的故障包括：离心泵空化、背景噪声干扰等。

在时域方面，宽带载波调制信号的包络信号的完整性不如单组分线谱载波调制信号的包络信号，其存在一定的偏差，但是整体趋势与调制信号相对应，因此能够反映调幅调制信号的特征调制信息。

在频域方面，宽带载波调制仿真信号的频谱特征与调幅信号的线谱调制信号的频谱存在很大的不同，其呈现为宽带的频域信号，此时调幅信号的频谱图不存在显著的分布特征，因此该信号可以利用包络谱分析的方法进行低频特征解调，但是并不能从其频谱直接观测到调制信号的特征频率信息。

7.3.3　基于两次 FFT 的解调分析方法

除经典的 Hilbert 调制解调算法外[14]，通过两次 FFT[15,16]，同样可得到调

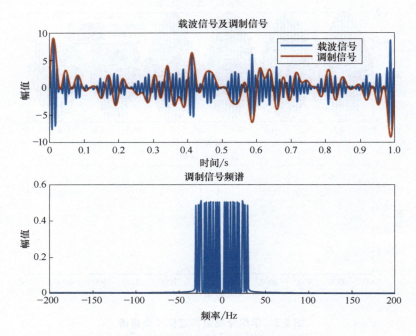

图 7-8   宽带载波幅值调制信号及频谱

制信号的频谱，如图 7-9 所示。首先选取窗函数 $w(n)$ 对原始信号进行第一次 FFT，得到载波信号频率，时频谱的数学表达式如下[17]：

$$P(n,l) = \frac{1}{N} \sum_{k=l \cdot N \cdot (1-o)}^{l \cdot N \cdot (1-o) + N-1} p(k) \cdot e^{-j2\pi \frac{k \cdot n}{N}} \cdot w(k - l \cdot N(1-o)) \quad (7\text{-}17)$$

式中，$p(k)$ 表示在采样率 k 下采集的原始信号；N 表示 FFT 的点数；n 表示频率指标（Frequency Index），即时频分布矩阵中的纵坐标；l 表示时间指标（Time Index），即时频分布矩阵中的横坐标；w 表示窗函数；o 表示窗的重叠率。

因此，对于单个频率下的频谱-时间图就表示了相应载波信号的包络行为。对每个频率的频谱-时间图进行 FFT 可计算调制信号的频谱。

$$P_m(n,m) = \frac{1}{M} \sum_{l=0}^{M-1} |P((n,l) \cdot w(l))| \cdot e^{-j2\pi \frac{k \cdot m}{M}} \quad (7\text{-}18)$$

式中，m 表示调制指标；M 表示对某频率下的频谱-时间图进行 FFT 的点数。

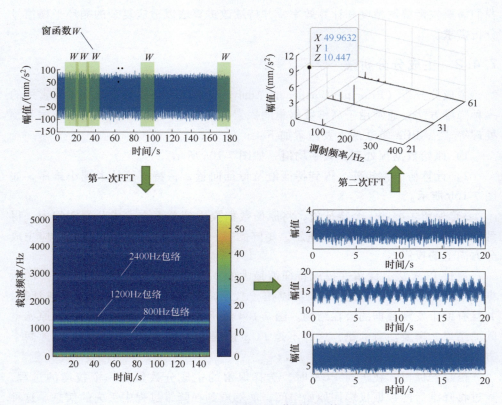

图 7-9　基于两次 FFT 的信号解调算法

7.4　旋转设备信号调制特征提取方法

7.4.1　循环平稳分析方法

　　循环平稳分析方法在处理一阶和二阶循环平稳特性方面显示出了显著的优势。这种方法不仅关注信号的周期性变化，还能捕捉到更为复杂的统计特征。尤其是在旋转机械的稳态工作工况下，循环平稳分析为我们提供了深入理解噪声、振动等信号的手段。

　　基于高阶统计量的解调算法是一类用于提取信号调制成分的方法。与传统的线性解调方法（如滤波、混频等）不同，它们利用信号的高阶统计信息来实现信号分解。高阶统计量是对信号非高斯性质和非线性特征的度量。

　　然而，基于高阶统计量的解调算法虽能获得较好的解调精度，但其计算效率较低且抗噪性有待提高，难以实现监测信号的在线分析。这使得在实际应用中，我们需要权衡解调精度和计算效率，并持续改进算法以适应复杂的循环平稳信号分析需求。

7.4.2　主成分分析法

主成分分析（Principle Component Analysis，PCA）法是数据处理中最常用的一种降维方法，通常用于高维数据集的探索与可视化，还可以用作数据压缩和预处理等[18]。PCA算法的主要流程如下：

1）原始数据预处理，去平均值，如图7-10a所示。

2）计算协方差矩阵，得到特征值及特征向量，将特征值从大到小排序，如图7-10b所示。

3）保留主要的 k 个特征值，将原始数据投影到前 k 个主成分的空间中，得到降维后的数据，如图7-10c所示，矩阵的每一列都代表了原始数据在相应主成分方向上的投影。

通过PCA法，保留并提取特征值最大的3个主成分，原有30×30矩阵的数据被压缩至30×3。可见，PCA可以用于数据降维，去除冗余信息，加速计算，并且有助于发现数据的潜在结构。图7-10d展示了将降维后的数据投影回原始空间的结果，需要注意的是，这并不是PCA过程的主要步骤，但此过程包含两个方面的意义：

信息的保留：在进行PCA时，选择保留的主成分数量是一个权衡的过程。通过将降维后的数据投影回原始空间，能够看到在降维过程中丢失的信息。这种投影和重构可用于评估降维对数据的影响。若重构后的数据与原始数据差异不大，那么说明在选择的主成分数量下，特征信息基本得到了保留。

可逆性：PCA是一种可逆的线性变换。通过投影和重构，可回到原始数据的表示。这种可逆性在某些应用中是非常重要的。例如，在某些数据预处理的情况下，可能会在降维后进行一些处理，然后需要将处理后的数据还原到原始空间。

综合来说，将降维后的数据投影回原始空间有助于理解PCA的影响，并在需要的情况下恢复到原始数据的表示。在实际应用中，通过观察降维和重构的效果，可确定选择的主成分数量是否合适，以及在降维后是否可以保留足够的信息。

7.4.3　基于主成分分析法的信号解调算法

循环平稳信号是由周期性运动构件产生的一种非平稳信号，其中携带了机械设备状况的重要信息。信号解调是针对旋转机械循环平稳信号特征提取的一种有效方法，为揭示气隙不均匀对电机振动的激励机理，提出了一种基于PCA法的

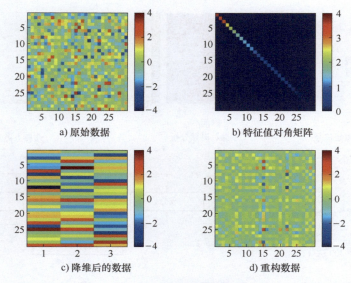

a) 原始数据　　　　　　　　　b) 特征值对角矩阵

c) 降维后的数据　　　　　　　　d) 重构数据

图 7-10　PCA 过程可视化

信号解调（A signal demodulation algorithm based on principle component analysis，DPCA）算法[19]，通过时频分析和 PCA 法的结合，对振动加速度、磁通密度、不平衡磁拉力、压力脉动等多场信号进行调制特征提取，以此揭示各物理场之间的相互作用机制。DPCA 方法通过 PCA 法对短时傅里叶变换获得的时频分布矩阵 $P(t, f)$ 实现频率维度降维，主要包括以下步骤，算法流程和主要步骤如图 7-11 和图 7-12 所示。

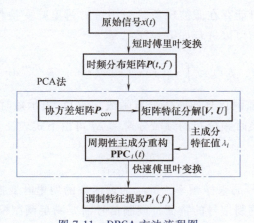

图 7-11　DPCA 方法流程图

1. 时频分析

旋转机械在稳定运转的过程中，调幅信号为其关键的调制组分。在本研究中

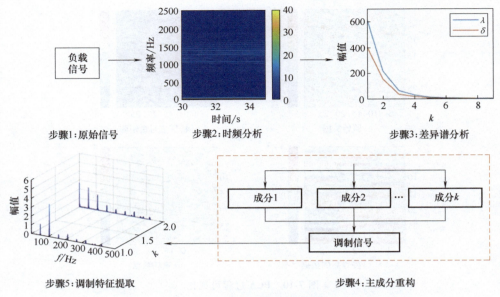

图 7-12　DPCA 方法主要步骤

将主要针对调幅信号进行解调研究。旋转机械的单组分调制信号可由下式表示，主要包括调制信号与载波信号两部分。

$$x(t) = x_{\mathrm{m}}(t) x_{\mathrm{c}}(t) \tag{7-19}$$

式中，$x(t)$ 为旋转机械的调幅调制信号，$x_{\mathrm{m}}(t)$ 为调制信号，$x_{\mathrm{c}}(t)$ 为载波信号。

由于小波变换可能存在假波现象，采用短时傅里叶变换作为时频分析手段，监测信号的时频分布可以进行如下表征：

$$P_x(f,t) = \int_{-\infty}^{\infty} x_{\mathrm{m}}(\tau) x_{\mathrm{c}}(\tau) w(t-\tau) \mathrm{e}^{-\mathrm{j}2\pi f\tau} \mathrm{d}\tau \tag{7-20}$$

式中，$P_x(f, t)$ 为监测信号的时频分布函数，$w(t)$ 表示短时傅里叶变换的窗函数。短时傅里叶变换时频分布的频域分辨率 Δf 可由下式表征。

$$\Delta f = \frac{F_{\mathrm{s}}}{L_{\mathrm{FFT}}} \tag{7-21}$$

式中，F_{s} 为监测信号的采样频率，L_{FFT} 为窗函数的傅里叶变换长度。

根据旋转机械调制信号的特征，调制信号需要满足调制模型的前提假设，即调制信号的载波频率远大于调制信号的频率：

$$f_{\mathrm{c}} \gg f_{\mathrm{m}} \tag{7-22}$$

时间分辨率和频率分辨率的平衡选择是短时傅里叶变换的重点，在本书所提出的算法中对于窗函数长度的选择需要满足以下条件，使得该算法最终能够满足频谱分析的奈奎斯特定律。

$$\frac{F_s}{2f_m} > L_w \gg \frac{F_s}{f_c} \tag{7-23}$$

针对窗函数长度的选取准则，旋转机械调制信号模型的短时傅里叶变换可以进行以下近似：

$$\int_{-\infty}^{\infty} x_m(\tau) x_c(\tau) w(t-\tau) e^{-j2\pi f\tau} d\tau \approx x_m(t) \int_{-\infty}^{\infty} x_c(\tau) w(t-\tau) e^{-j2\pi f\tau} d\tau \tag{7-24}$$

根据单组分调制信号的简化算法，调制信号的时频谱可以进一步得到简化，如式（7-25）所示，从式中可以看出，由于载波信号的载波频率不随时间发生变换，对于确定的频率 f，通过调制信号的时频谱可以得到调制信号组分 $x_m(t)$ 的特征信息，因此本算法基于调制信号该时频分布特性，进行调制信号特征的提取。

$$P_x(f,t) \approx x_m(t) \int_{-\infty}^{\infty} x_c(\tau) w(t-\tau) e^{-j2\pi f\tau} d\tau = x_m(t) P_c(f,t) \tag{7-25}$$

式中，$P_x(f,t)$ 为监测信号的时频分布函数，$P_c(f,t)$ 为载波信号的时频分布函数。

为了更好地获得调制信号的特征频率，单组分调制信号的时频分布函数中的频率设置了最低频率限制，如式（7-26）所示，该限制具有以下两个优点：

1）降低调制信号时频分布函数的维度，为最终调制特征频率的提取降低计算量。

2）提高算法对共振频带识别的准确性。

$$f_m \ll f_t < f_c \tag{7-26}$$

式中，f_t 为最低限制频率。

因此，最终进行调制特征频率提取的时频分布函数的频率范围如式（7-27）所示。

$$\frac{F_s}{2} \geqslant f \geqslant f_t \tag{7-27}$$

调制信号的幅值谱密度函数可以通过单组分调制信号的时频分布函数求解获得，如式（7-28）所示。

$$P(f,t) = \frac{2 * |P_x(f,t)|}{L_{FFT}} \tag{7-28}$$

式中，$P(f,t)$ 为幅值谱密度函数。

最终，获得的单组分调制信号的时频分布矩阵如式（7-29）所示。

$$P(t,f)=\begin{bmatrix} P(t_1,f_t) & P(t_2,f_t) & \cdots & P(t_n,f_t) \\ P(t_1,f_t+\Delta f) & P(t_2,f_t+\Delta f) & \cdots & P(t_n,f_t+\Delta f) \\ \vdots & \vdots & \vdots & \vdots \\ P(t_1,f_m) & P(t_2,f_m) & \cdots & P(t_n,f_m) \end{bmatrix} \tag{7-29}$$

2. 主成分分析

根据单组分调制信号的时频分析过程可知，调制信号可以通过多个载波信号的时频谱获得。因此，利用 PCA 算法，提取主要单组分调制信号时频分布矩阵的调制信号，实现数据降维，进而获得调制信号的低频特征调制频率，主要通过以下过程实现：

（1）协方差矩阵

单组分调制信号的时频分布矩阵需要通过协方差函数，获得相应的协方差矩阵，对于 $\boldsymbol{P}(t,f)$，$\boldsymbol{P}_{cov}$ 是沿对角线具有相应行方差的协方差矩阵，矩阵 $\boldsymbol{P}_{cov}$ 的行代表随机变量，列代表观察值。

$$\boldsymbol{P}_{cov}=\text{cov}(\boldsymbol{P}(t,f)) \tag{7-30}$$

式中，cov( ) 为协方差算子。

（2）特征值分解

对于单组分调制信号的协方差矩阵，可以利用特征值分解方法获得矩阵的特征值和特征向量，为主成分分量的提取提供基础，根据相似矩阵的原理，可以将矩阵转换为规范形式，矩阵 $\boldsymbol{P}_{cov}$ 可由其特征值和特征向量表示：

$$[\boldsymbol{V},\boldsymbol{U}]=\text{eig}(\boldsymbol{P}_{cov}) \tag{7-31}$$

式中，$\text{eig}(\boldsymbol{P}_{cov})$ 将矩阵 $\boldsymbol{P}_{cov}$ 特征分解为带有特征 λ_i 的对角矩阵 $\boldsymbol{V}$，以及列向量为相应特征向量 $\boldsymbol{\alpha}_i$ 的矩阵 $\boldsymbol{U}$，满足矩阵相似定律 $\boldsymbol{P}_{cov}*\boldsymbol{U}=\boldsymbol{U}*\boldsymbol{V}$，其表达式如下所示：

$$\boldsymbol{V}=\begin{pmatrix} \lambda_1 & 0 & \cdots & 0 \\ 0 & \lambda_2 & \cdots & 0 \\ \vdots & \vdots & \ddots & \vdots \\ 0 & \cdots & 0 & \lambda_n \end{pmatrix} \tag{7-32}$$

$$\boldsymbol{U}=[\boldsymbol{\alpha}_1,\boldsymbol{\alpha}_2,\cdots,\boldsymbol{\alpha}_n] \tag{7-33}$$

（3）特征值选取

特征值的选取采用特征值序列向前差分的差异谱的选取准则。差异谱是在奇异值分解中常用的特征值选取准则。通过差异谱的最大值确定所选取的特征值阶数：

$$k\geqslant i\big|_{\max(\delta_i=(\lambda_i-\lambda_{i+1}))} \tag{7-34}$$

式中，k 为所选取的特征值阶数，δ_i 为差异谱值。

（4）周期性主成分重构

根据所选定的前 k 阶特征值，利用特征值分解的特征向量，可以得到相应的主成分调制信号，周期主成分可通过下式实现重构：

$$PPC_i(t) = P(t,f)\boldsymbol{\alpha}_i \qquad (7\text{-}35)$$

3. 特征频率提取

通过 PCA 可以得到监测信号的主成分分量，包括监测信号中的特征低频调制成分。采用快速傅里叶变换方法，进行监测信号中调制信号组分的特征频率表征，最终对周期性主分量信号 $PPC_i(t)$ 进行特征调制频率 f_m 的提取：

$$P_i(f) = \int PPC_i(t)\,\mathrm{e}^{-\mathrm{j}2\pi ft}\,\mathrm{d}t \qquad (7\text{-}36)$$

综上，在该算法原理的分析中是以单组分调制信号模型为基础展开研究，进行了低频调制特征的提取，进而实现对调制过程的表征。然而，DPCA 算法同样适用于多组分调制特征的提取[20-25]。

7.5　基于磁-固耦合的偏心故障电机信号特征研究

7.5.1　典型旋转电机电磁-振动测试实验设计方法

以三相永磁同步电机为研究对象，搭建实验平台，开展磁-固耦合的偏心故障电机的实验研究[20,26]。实验平台由永磁同步电机、光学平板、变频器、变压器、磁粉离合器、张力控制器、上位机、信号采集仪、转矩转速传感器、磁通密度传感器、振动加速度传感器等组成，主要设备的实物连接如图 7-13 所示。

变压器用于调控永磁同步电机的输入电压，该实验系统主要是用于验证永磁同步电机在起动过程中的运行特性和运行的稳定状况。

变频器主要用于调节电机的转速，实现电机的多工况控制。磁粉离合器是根据电磁原理和利用磁粉传递转矩的元件。励磁电流和传递转矩基本成线性关系，具有响应速度快、结构简单、无污染、无噪声、无冲击振动、节约能源等优点。磁粉离合器为一个恒定转矩输出的负载。

张力控制器是由单片机或者一些嵌入式器件及外围电路开发而成的系统，与磁粉离合器配对使用。在该实验系统中，张力控制器和磁粉离合器共同作为一个可调节的恒功率输出的负载，其主要原理为：张力控制器调节磁粉离合器使磁粉离合器处于不同的输出功率下，可使一组设备代替多个负载，避免了替换负载引

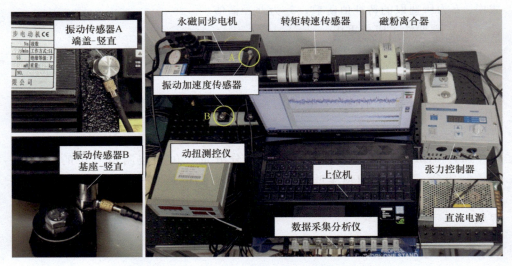

图 7-13　三相永磁同步电机电磁-振动测试实验台

起的装配公差变化问题。

　　振动传感器贴附式安装在电机机座及端盖两侧表面，分别采集基座竖直方向、端盖水平方向及竖直方向上的振动加速度，根据压电效应，感应压电晶体形变产生电信号传递至数据采集分析仪。磁通密度传感器（见图 7-14）介入式固定安装于电机定子槽内部，根据霍尔效应，感应气隙内部的磁场变化产生电压信号传递至数据采集分析仪。

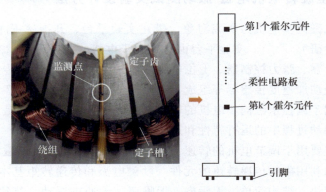

图 7-14　电机内部磁通密度传感器

　　磁-固耦合实验台可分为电机系统、控制系统及采集系统，如图 7-15 所示。

　　电机系统固定在光学平板表面，包括电机及负载。电机的输出轴通过联轴器与转矩转速传感器和磁粉离合器依次相连。

　　控制系统包括电机控制器和负载控制器，电机控制器包括变压器和变频器，负载控制器包括电源箱、张力控制器。其中，电机控制器的输出端与电机的输入端电连接，控制电机的起停及运行频率。而负载控制器的输出端与磁粉离合器电连接，控制电机负载的变化。

采集系统包括采集仪、上位机、振动加速度传感器、磁通密度传感器、转矩转速传感器。上位机与变频器、采集仪、张力控制器均双向连接，上位机用于操作、显示运行数据，执行信号处理算法。

采用增大前端盖轴承孔半径的方法，将原型电机设置为轴向非均匀偏心故障电机[21]。当前端盖轴承半径增大后，偏心电机的转轴将随转子的转动产生轴向非均匀的动态偏心，如图 7-16 所示。

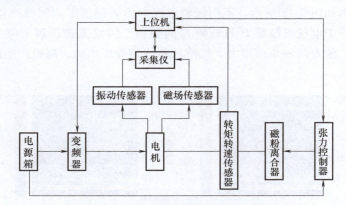

图 7-15　电机系统、控制系统和采集系统示意图

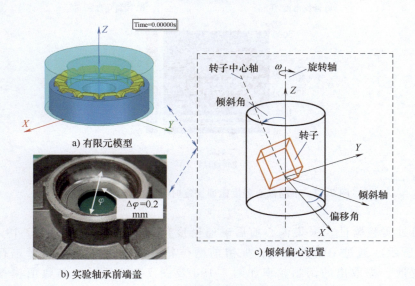

a) 有限元模型

b) 实验轴承前端盖

c) 倾斜偏心设置

图 7-16　偏心故障设置

7.5.2 磁通密度调制机理分析

为探究气隙不均匀对磁通密度调制机制的影响，采用第 5 章有限元分析结果对不同程度的轴向不均匀气隙的磁通密度的调制特征进行对比。获得的时频谱如图 7-17 所示。在时频谱中，幅值最大的主频带分别为 400Hz、800Hz、1200Hz，且各主频带相差频率为 400Hz。不同偏心程度下，磁通密度时频谱分布一致，各频带的幅值差异较小。

通过 DPCA 方法，对不同倾斜角度下的磁通密度进行分析，选取磁通密度信号中前两位特征值所对应的主频带进行调制信号提取，得到不同偏心程度的磁通密度调制频率如图 7-18 所示。不同倾斜角度中的磁通密度调制频率均为 400Hz，其在数值上等于电机磁极数 P 与轴频 f_s 的乘积，因此该调制频率应为电机磁极产生的频率。随着倾斜角度增大，气隙的不均匀程度增加，磁极产生的调制频率幅值随之增大。

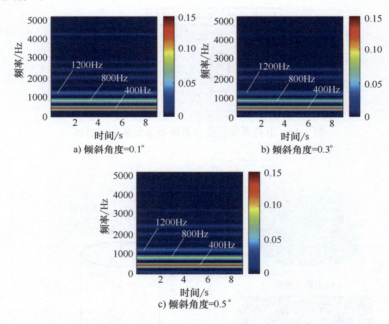

图 7-17 不同偏心程度磁通密度时频特征（数值模拟）

通过实验验证，采集偏心前后磁通密度信号的部分波形如图 7-19a 及图 7-20a 所示。通过 DPCA 方法，保留前两位特征值所对应的主频带进行调制信号提取，提取出的调制频率如图 7-19d 及图 7-20d 所示，与数值模拟结果一致。

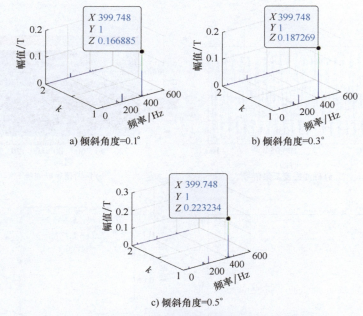

a) 倾斜角度=0.1°　　　b) 倾斜角度=0.3°

c) 倾斜角度=0.5°

图 7-18　不同偏心程度磁通密度调制特征（数值模拟）

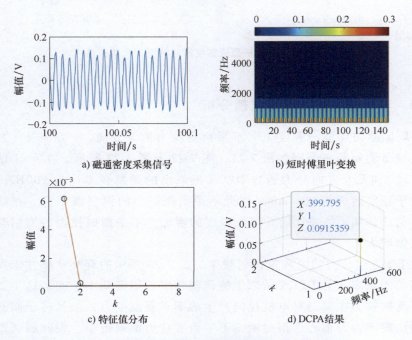

a) 磁通密度采集信号　　　b) 短时傅里叶变换

c) 特征值分布　　　d) DCPA结果

图 7-19　原型电机磁通密度调制特征（实验测量）

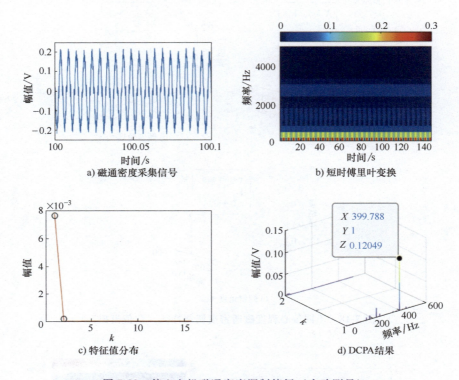

a) 磁通密度采集信号

b) 短时傅里叶变换

c) 特征值分布

d) DCPA结果

图 7-20 偏心电机磁通密度调制特征（实验测量）

7.5.3 不平衡磁拉力调制机理分析

不同倾斜角度偏心程度下，不平衡磁拉力的 x 方向、y 方向及 z 方向分力的主频带调制频率分别如图 7-21、图 7-22 及图 7-23 所示。在 $k=1$ 的主频带中，x 方向及 y 方向分力通过 DPCA 提取出的调制频率均为 100Hz，由于电机处于额定转速 3000r/min，因此不平衡磁拉力的调制频率 f_{ump} 在数值上等于 2 倍的轴频 f_{s}，并且随着偏心程度的增加，不平衡磁拉力的调制频率的幅值逐渐增大。

对于 z 方向分力的主频带调制频率，图 7-23 所示的调制频率并未发现与轴频相关的频率，且 DPCA 结果中的调制频率的幅值基本不变。这主要是由于不平衡磁拉力主要是对电机径向产生的不平衡激振力，虽然转子倾斜使电机轴向出现不均匀偏心，但对轴向不平衡磁拉力影响较小，因此解调谱中无明显调制作用。

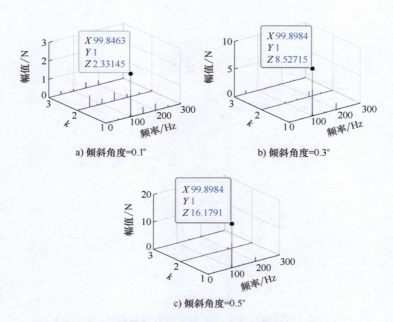

图 7-21　不同偏心程度不平衡磁拉力调制特征（x 方向）

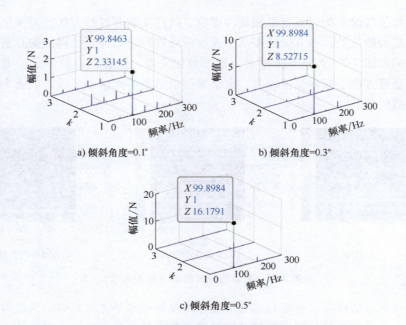

图 7-22　不同偏心程度不平衡磁拉力调制特征（y 方向）

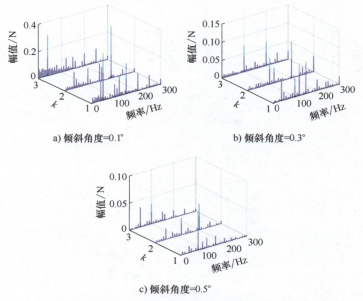

图 7-23　不同偏心程度不平衡磁拉力调制特征（*z* 方向）

7.5.4　电机振动调制机理分析

　　为揭示气隙不均匀对电机振动的影响，通过实验测量的方法，对采集的电机基座、端盖数值及水平方向的振动加速度信号进行时频分析，得到偏心前后的时频谱分别如图 7-24 及图 7-25 所示。通过对比发现，设置偏心故障前，电机基座及端盖竖直方向上振动幅值较高，由于原型电机基本无偏心，因此端盖水平方向振动幅值较低。

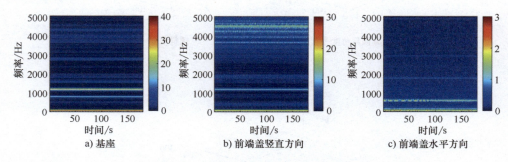

图 7-24　振动信号时频谱（原型电机）

　　设置偏心故障后，基座和端盖竖直方向及端盖水平方向的振动明显增强，偏心后端盖水平方向及竖直方向振动的时频谱的幅值及分布接近。电机基座位置及端盖水平方向的时频谱中均出现 3000Hz 的高频频带。

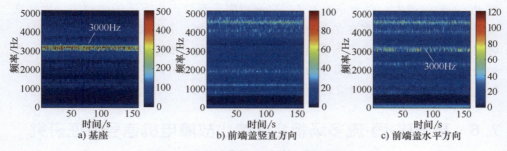

图 7-25　振动信号时频谱（偏心电机）

采用 DPCA 算法对振动加速度信号调制特征进行提取，得到偏心前后的调制频率分布分别如图 7-26 及图 7-27 所示。

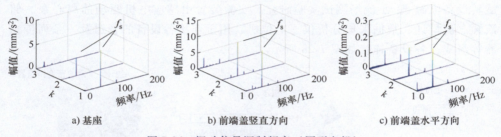

图 7-26　振动信号调制频率（原型电机）

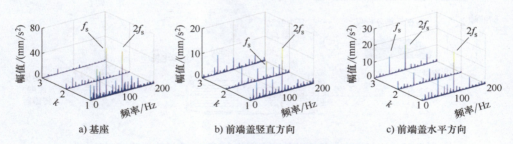

图 7-27　振动信号调制频率（偏心电机）

当电机设置偏心故障前，基座、端盖竖直方向、端盖水平方向的振动信号调制谱中均存在轴频 f_s，其中基座及端盖竖直方向的幅值较高，端盖水平方向的幅值较低，与各位置的时频谱中幅值一致。当电机设置偏心故障后，基座、端盖竖直方向、端盖水平方向的振动信号调制谱中，轴频 f_s 幅值增大，轴频调制作用增强，且各位置处均提取到二倍轴频 $2f_s$ 的调制频率，该频率与不平衡磁拉力中提取的调制频率一致。

综上所述，在偏心故障下，永磁同步电机系统的电磁场及结构场间存在一种以轴频 f_s 为联系的调制机制。在提取的磁通密度信号调制谱中，磁极数倍的轴

频 Pf_s 的幅值增大；由于非均匀气隙磁通密度分布会产生不平衡磁拉力，因此在不平衡磁拉力信号中存在二倍轴频 $2f_s$ 的调制频率，并且随着偏心程度的增强，调制频率幅值增大；由于不平衡磁拉力的产生，偏心故障电机振动水平加剧，振动加速度信号中开始出现明显的二倍轴频 $2f_s$ 调制作用，提取的调制频率中，轴频 f_s 及二倍轴频 $2f_s$ 的幅值均增大。

7.6　基于磁-固-流多场耦合的偏心故障电机信号特征研究

7.6.1　典型旋转设备电磁-振动-流场测试实验设计方法

以异步电机驱动的离心泵为研究对象，搭建磁-固-流耦合实验平台开展典型旋转设备电磁-振动-流场测试实验研究。实验装置由感应电机驱动的离心泵、储液罐、流量计、数据采集分析仪、上位机、用于连接各设备的管道及一系列传感器等组成，各设备连接如图 7-28 所示。

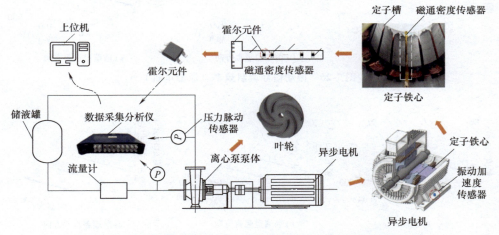

图 7-28　三相异步电机驱动的离心泵电磁-振动-流场特性测试实验台

磁场、机器振动和流场是多物理场实验的主要研究对象。因此，采用了三类传感器来实现多物理场信号的测量，包括磁通密度传感器、振动加速度传感器和压力脉动传感器。

磁通密度传感器形式为介入式，安装在定子槽中，以测量气隙磁场的磁通密度特征。基于气隙中磁通密度的变化，焊接在传感器表面的霍尔元件将对电压信号做出响应。

振动加速度传感器分别装贴在旋转设备表面，包括感应电机的顶部，离心泵蜗壳的径向和轴向方向，以测量结构场中旋转设备的振动特征，如图 7-29 所示。

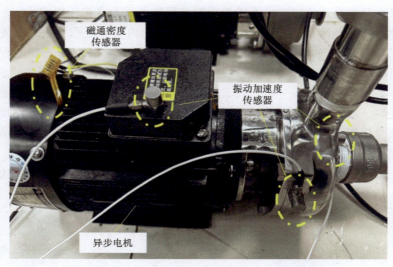

图 7-29　试验过程中振动-磁场信号的测点布置

　　泵流量不稳定性与泵入口和输出处的压力脉动有关,可用于检测流量不稳定性[27]。因此,将压力脉动传感器分别连接至水泵出入口附近的管道上,以测量流场的压力脉动特征,如图 7-30 所示。

　　以上电磁场、结构场、流场中的原始信号由数据采集分析仪采集。最终通过 DPCA 信号调制特征提取方法来揭示多物理场之间的关系。

　　实验最终建立的磁-固-流多物理场实验信号采集系统如图 7-30 所示。通过对感应电机进行转子弯曲破坏性实验,分别测试获得设置偏心故障前后的原始信

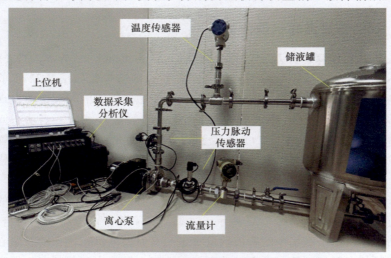

图 7-30　离心泵磁-固-流多场耦合特性测试实验台

号。值得注意的是，原型电机不能像模拟中那样保证不存在任何偏心。

本章采用旋转设备磁-固-流多场耦合特性研究的主要流程如下：首先，建立异步电机有限元模型，如图 7-31 所示，通过电磁仿真对不同动态偏心程度下的异步电机电磁场进行计算；然后，根据有限元模拟结果，对不同偏心程度的磁通密度和不平衡磁拉力进行分析，并采用 DPCA 方法提取仿真结果中的频谱和调频特征；最终，通过磁-固-流多场耦合实验，对有限元结果进行验证，并采集多物理场强耦合作用下的振动信号及压力脉动信号进行进一步的特征提取，分析各物理场之间的激励机理。值得注意的是，在本章数值模拟及实验中均采用了 25Hz 的三相交流电源供电，而不是额定频率，以此放大分析异步电机的转差率带来的影响。

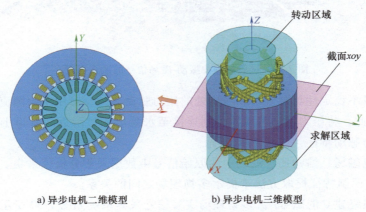

a) 异步电机二维模型　　　　　b) 异步电机三维模型

图 7-31　异步电机有限元模型

7.6.2　磁通密度激励机理分析

通过有限元计算，并基于时频分析（Time-frequency Analysis，TFA）方法，获得了不同程度动态偏心故障下的磁通密度的时频特性，如图 7-32 所示。考虑到感应电机定子和转子磁场之间的相互作用，在磁通密度的时频谱中发现了电源频率 f_p 及其谐波频率 kf_p。谐波的阶数 k 与转子槽数量 s_1 相等。当动态偏心故障发生时，由于气隙长度 $\delta(\alpha, t)$ 随转子运动行为变化，时频谱中部分频带出现调制现象，其主要表现在电源频率 f_p 及其谐波对应的频带中，幅值的脉动特性被放大。

基于 DPCA 方法，进一步提取隐藏在前三个特征值对应的主频带中的调制特性。磁通密度的解调谱如图 7-33 所示。主调制频率等于电源频率的两倍（$2f_p$），因为调制效果由定子磁场中的磁极数量决定。与原型电机相比，动态偏心故障电机的主调制频率振幅较低。然而，动态偏心故障也导致主调制频率的幅度随着偏

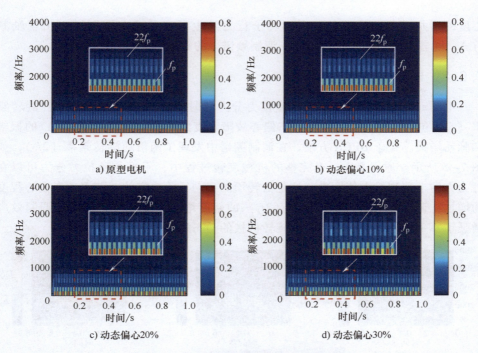

图 7-32　偏心对磁通密度时频特性的影响

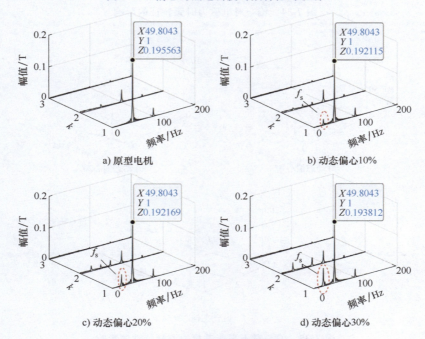

图 7-33　偏心对磁通密度调制特性的影响

心度的增加而增加。此外，由于转子行为发生了变化，在调制谱中出现轴频（f_s）。随着动态偏心失效的加剧，调制频谱中的轴频（f_s）的幅值增加。

7.6.3　电磁力激励机理分析

　　不同动态偏心故障下不平衡磁拉力分力的时频特性如图 7-34 所示。旋转频率（f_s）包含在频谱中。随着动态偏心故障程度的增加，旋转频率（f_s）的振幅和脉动增大。基于 DPCA 方法，在调制频谱中发现了两倍的旋转频率（$2f_s$），如图 7-35 所示。原因是在一个完整的机械旋转过程中，不平衡磁拉力分力可以在分力方向上达到最大值两次，这是由转子的运动行为决定的。随着动态偏心程度的增加，调制谱中两倍旋转频率（$2f_s$）的幅度增加。旋转行为引起的调制效应增强了不平衡磁拉力，这将损害旋转机械的动态稳定性。

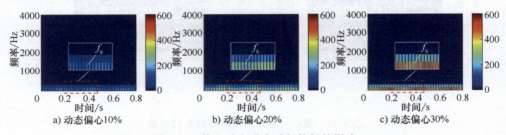

图 7-34　偏心对电磁力时频特征的影响

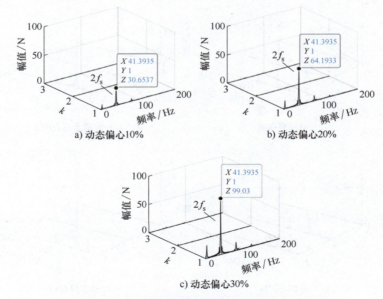

图 7-35　偏心对不平衡磁拉力调制特性的影响

7.6.4　电机振动激励机理分析

上述对偏心故障下磁通密度及电磁力的分析均建立在磁场与结构场无任何耦合的条件下。为进一步验证偏心故障产生的影响在磁-固强耦合作用下的结果，有必要在实验中对偏心故障对磁通密度产生的影响进行验证。通过设置在电机内部的磁通密度传感器，测得原型及偏心工况下的磁通密度信号的时频谱如图 7-36 所示。

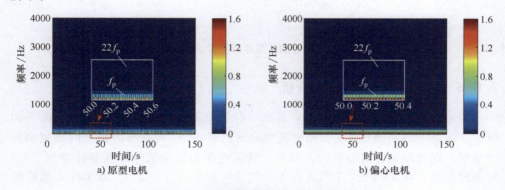

图 7-36　实验测得磁通密度信号时频谱

振动加速度在机械结构场的调制特性如图 7-37 及图 7-38 所示。可以发现，电机和蜗壳的振动加速度都是由两倍的旋转频率（$2f_s$）调制的，该频率与不平衡磁拉力的分力的调制频率相等。与原型电机相比，偏心故障电机的振动加速度额外受到旋转频率（f_s）的调制，如图 7-37b 所示。由于电机顶部振动加速度的调制频谱中出现了旋转频率（f_s），泵蜗壳振动加速度结果中 f_s 和 $2f_s$ 的振幅也得到了增强，如图 7-38b 所示。

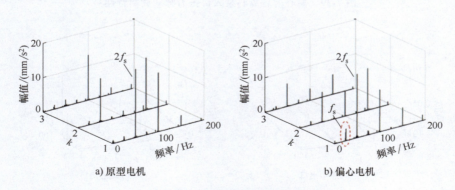

图 7-37　偏心前后电机结构振动调制特性

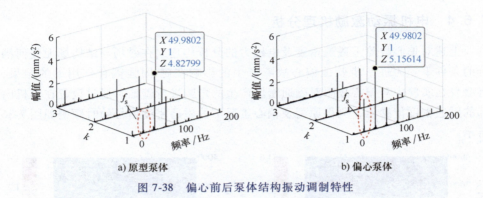

a) 原型泵体　　　　　　　　　　　　b) 偏心泵体

图 7-38　偏心前后泵体结构振动调制特性

7.6.5　压力脉动激励机理分析

偏心前后压力脉动在流场入口及出口位置处的调制特性如图 7-39 及图 7-40 所示。磁场中的调制频率 f_s，结构场中的调制频率 $2f_s$ 均在压力脉动的调制结果中出现：在气隙偏心离心泵的入口处，管道内压力脉动信号存在旋转频率（f_s）的调制作用，在 $k=1$ 时，DPCA 结果为旋转频率的两倍（$2f_s$）。在 DPCA 提取的

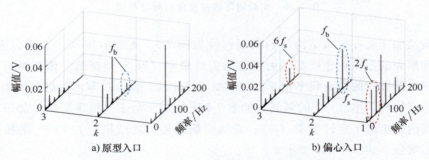

a) 原型入口　　　　　　　　　　　　b) 偏心入口

图 7-39　偏心前后离心泵入口压力脉动调制特性

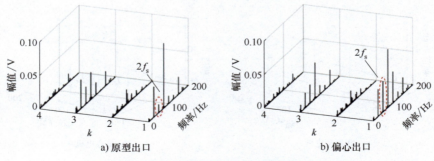

a) 原型出口　　　　　　　　　　　　b) 偏心出口

图 7-40　偏心前后离心泵出口压力脉动调制特性

调制谱 $k=2$ 和 $k=3$ 的结果中，叶片通过频率（f_b）的幅值增加，管道内表现出流致不稳定性增强。在具有气隙偏心的离心泵的出口处，在 $k=1$ 时，DPCA 提取的调制谱中出现两倍的旋转频率（$2f_s$）。上述结果表明，电磁不稳定性增强了流致不稳定性。

7.6.6　研究结论

在本节中，分别对原型工况与偏心工况下的感应电机驱动的离心泵进行了电磁仿真和多物理场信号采集实验。主要结论如下：

1）通过电磁仿真与实验结果对比，磁通密度的主调制频率在数值上与电源频率 f_p 和极数 p 的乘积相等。调制频谱中的轴频和主调制频率的幅值随电机偏心度的增加而增加。

2）在偏心故障条件下，由于气隙偏心和不平衡磁拉力的共同作用，机械结构场和流场中的轴频调制及两倍轴频调制作用得到了加强。

3）偏心引起的轴频调制现象可通过磁场不平衡产生的电磁激振力传递到机械结构场的振动加速度信号及流场的压力脉动信号。通过多场信号的解调分析，获得的多物理场调制特征可实现离心泵驱动电机偏心故障的精确定位。

4）偏心产生的不平衡激振力产生的振动可能会对异步电机的磁场产生反作用。由于电磁仿真中磁场与结构场的弱耦合特性，实验中偏心前后的磁场信号调制特征增强比例远高于模拟结果，这可能是由实验测量中多物理的强耦合关系所产生的。

7.7　本章小结

本章简述了时频分析方法的基本理论，引入小波变换及短时傅里叶变换两种时频分析方法的窗函数概念，指出了小波变换的假波缺陷。介绍了旋转设备信号组分及模型，对确定性信号组分、调制信号组分、噪声信号组分进行了分析。重点研究了旋转设备信号的调制现象及解调技术应用，提出了一种基于主成分分析法及短时傅里叶变换的信号解调算法 DPCA，通过永磁同步电机及离心泵异步电机的多物理场调制特征提取验证了其有效性。建立了多物理场调制特征的关联性，为解决多物理场耦合下的旋转设备研究提供了一个有效途径。

参 考 文 献

［1］　Bently D E, Hatch C T. 旋转机械诊断技术［M］. 姚红良，译. 北京：机械工业出版社，2014.

［2］ Landau H J. Sampling, data transmission, and the nyquist rate ［J］. Proceedings of the IEEE, 1967, 55 (10)：1701-1706.

［3］ Prabhu K M M. Window functions and their applications in signal processing ［M］. Boca Raton：CRC Press, 2014.

［4］ Chandra N H, Sekhar A S. Nonlinear damping identification in rotors using wavelet transform ［J］. Mechanism and Machine Theory, 2016, 100：170-183.

［5］ Busch P, Heinonen T, Lahti P. Heisenberg's uncertainty principle ［J］. Physics Reports, 2007, 452 (6)：155-176.

［6］ Gabor D. Theory of communication. part 1：the analysis of information ［J］. Journal of the Institution of Electrical Engineers - Part Ⅲ：Radio and Communication Engineering, 1946, 93 (26)：429-441.

［7］ Cohen L. Time-frequency analysis ［M］. Upper Saddle River：Prentice hall, 1995.

［8］ Hosameldin Ahmed, Asoke K Nandi. Condition monitoring with vibration signals：compressive sampling and learning algorithms for rotating machines ［M］. Hoboken：Wiley-IEEE Press, 2019.

［9］ Daubechies I. The wavelet transform, time-frequency localization and signal analysis ［J］. IEEE Transactions on Information Theory, 1990, 36 (5)：961-1005.

［10］ Guo T, Zhang T, Lim E, et al. A review of wavelet analysis and its applications：challenges and opportunities ［J］. IEEE Access, 2022, 10：58869-58903.

［11］ 李振, 王洪凯, 何明圆, 等. 永磁同步电机偏心故障的电磁力密度特征分析 ［J］. 节能, 2023, 42 (4)：35-38.

［12］ 陈进, 董广明. 机械故障特性提取的循环平稳理论及方法 ［M］. 上海：上海交通大学出版社, 2013.

［13］ 宋永兴. 基于主成分分析的水力旋转机械低频声特征提取方法研究 ［D］. 杭州：浙江大学, 2019.

［14］ Feldman M. Hilbert transform in vibration analysis ［J］. Mechanical Systems and Signal Processing, 2011, 25 (3)：735-802.

［15］ Xing N, Jin S, Li Y, et al. Twice-fft demodulation for signal distortion in optical fiber fp acoustic sensor ［J］. Heliyon, 2020, 6 (12)：e05790.

［16］ 袁芳, 闫建伟. 三维调制谱分析方法 ［J］. 噪声与振动控制, 2018, 38 (S2)：495-498.

［17］ Bodden M, Heinrichs R. ANALYSIS of the time structure of gear rattle ［C］. Inter-noise & Noise-con Congress & Conference, 1999.

［18］ Maćkiewicz A, Ratajczak W. Principal components analysis (pca) ［J］. Computers & Geosciences, 1993, 19 (3)：303-342.

［19］ Song Y, Liu J, Chu N, et al. A novel demodulation method for rotating machinery based on time-frequency analysis and principal component analysis ［J］. Journal of Sound and Vibration, 2019, 442：645-656.

［20］ Song Y, Liu Z, Hou R, et al. Research on electromagnetic and vibration characteristics of dynamic eccentric pmsm based on signal demodulation ［J］. Journal of Sound and Vibration, 2022, 541: 117320.

［21］ Liu Z, Song Y, Liu J, et al. Modulation characteristics of multi-physical fields induced by air-gap eccentricity faults for typical rotating machine ［J］. Alexandria Engineering Journal, 2023, 83: 122-133.

［22］ Li D, Yang J, Liu Y. Research on state recognition technology of elevator traction machine based on modulation feature extraction: 23 ［J］. Sensors, 2022, 22 (23): 9247.

［23］ Song Y, Ma Q, Zhang T, et al. Research on vibration and noise characteristics of scroll compressor with condenser blockage fault based on signal demodulation ［J］. International Journal of Refrigeration, 2023, 154: 9-18.

［24］ Song Y, Ma Q, Zhang T, et al. Research on fault diagnosis strategy of air-conditioning systems based on dpca and machine learning ［J］. Processes, 2023, 11 (4): 1192.

［25］ Li D, Yang J, Pan Z, et al. Traction machine state recognition method based on dpca algorithm and convolution neural network ［J］. Sensors, 2023, 23 (14): 6646.

［26］ 宋守杰, 刘娜, 刘正杨, 等. 空调系统永磁同步电机运转特性研究 ［J］. 制冷与空调, 2023, 23 (9): 12-17.

［27］ Lu J, Chen Q, Liu X, et al. Investigation on pressure fluctuations induced by flow instabilities in a centrifugal pump ［J］. Ocean Engineering, 2022, 258: 111805.

第8章

与深度学习结合的典型旋转设备
故障诊断技术及应用

　　旋转设备作为工业生产的核心组成部分，广泛应用于能源化工、机械制造和动力运输等领域。这些设备包括发电机、泵、压缩机、风机等，它们在提高生产效率和保障设施正常运行方面发挥着关键性作用。旋转设备系统存在的故障复杂多样，可能导致生产中断、设备寿命缩短以及维护成本增加，对整体生产效率造成严重影响。因此，及时准确地诊断旋转设备的故障成为确保生产正常运行的重要环节。传统的故障诊断方法在处理大规模、高维度的传感器数据时存在一定的局限性。这些方法在提取复杂特征和对大量数据进行高效处理方面面临挑战，尤其是对于旋转设备这类复杂系统。因此，寻找更为有效的故障诊断方法成为当前研究的重要方向。近年来，深度学习技术在图像识别及信号处理领域取得了显著进展。深度学习模型具有强大的学习能力，擅长处理大规模数据和提取复杂特征。这为解决传统方法的局限性提供了新的可能性，尤其是在处理旋转设备传感器数据时，深度学习技术展现出了巨大潜力。在深度学习中，训练集样本容量的增加有助于提高模型的泛化能力及稳定性，计算负担的减少则可使模型训练过程更加高效。然而，深度学习的训练集样本容量及计算负担极大程度依赖于特征选取的优劣。DPCA算法是一种新型的信号调制特征提取的方法，通过主成分分析法对信号进行降维和特征提取。该算法在处理旋转设备的故障诊断中具有显著的优势，能够更准确地捕捉到信号中的关键信息，有助于提高诊断的准确性和效率。当前，随着深度学习技术的不断发展，旋转设备诊断技术也呈现出新的发展趋势。深度学习模型在旋转设备故障诊断中的广泛应用，以及结合DPCA等先进算法的发展，为提高设备故障诊断效能和减少生产中断提供了更为可行的解决方案。未来，可以期待更多创新性的技术和方法的出现，进一步推动旋转设备诊断技术的发展。本章旨在深入探讨前述章节提出的DPCA算法在深度学习框架下与旋转设备诊断技术的结合应用。通过此研究，期望提高设备运行的稳定性、降低维护成本，为工业生产提供更为可持续和高效的解决方案。

8.1　深度学习理论的基本概念

8.1.1　机器学习的基本概念

深度学习是一种机器学习的分支，其核心思想是通过多层次的非线性变换来解决复杂的模式识别、特征学习和数据表示问题。由于本章内容主要涉及故障诊断在机器学习领域的相关研究，为便于理解，引入机器学习的一些基本概念：

数据：机器学习依赖于数据作为学习的基础。这可以是结构化数据（如信号数据）或非结构化数据（如图像、文本等）。

模型：模型是机器学习算法学到的知识的表示。它可以是简单的线性回归模型，也可以是复杂的深度神经网络模型。模型通过学习从输入到输出的映射关系来进行预测或分类。

训练：训练是机器学习中一个关键的过程，它涉及使用输入数据来调整模型的参数，使其能够更好地拟合数据并提高性能。

特征：特征是从数据中提取的信息，用于输入机器学习模型进行学习和预测。好的特征选择可以显著影响模型的性能。

监督学习和无监督学习：监督学习涉及通过输入数据和对应的标签来训练模型，使其能够进行预测或分类。无监督学习则涉及从未标记的数据中学习模型的结构和模式。

评估：评估是确定机器学习模型性能的过程，通常涉及将模型应用于测试数据并测量其预测的准确性。

8.1.2　深度学习模型的基本概念

深度学习模型通常由多个层组成，每一层都有不同的功能和特点。以下是一些常见的深度学习层类型：

输入层（Input Layer）：这是网络的第一层，负责接收原始输入数据，如图像、文本或其他形式的数据。

卷积层（Convolutional Layer）：在处理图像等二维数据时常用的层。通过使用卷积操作（见图 8-1）来学习图像中的空间层次结构和模式。

池化层（Pooling Layer）：用于减小数据

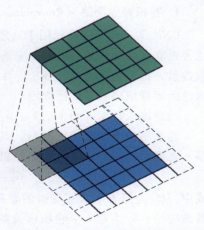

图 8-1　卷积过程示意图

维度，通过保留最重要的信息来降低计算负担和参数数量。常见的池化操作包括最大池化和平均池化，如图 8-2 所示。

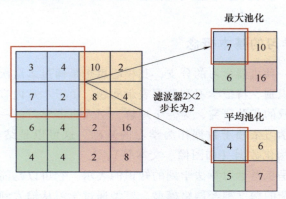

图 8-2　最大池化及平均池化示意图

激活层（Activation Layer）：引入非线性映射到模型中，激活函数如 ReLU（Rectified Linear Unit，修正线性单元）、Sigmoid、Tanh 等，以使网络能够学习复杂的映射关系。

全连接层（Fully Connected Layer）：也称为密集层（Dense Layer），每个神经元与前一层的所有神经元相连接。全连接层的作用是学习输入数据中的复杂模式和特征。

输出层（Output Layer）：这是网络的最后一层，输出模型的预测结果。输出层的配置取决于任务类型，如分类、回归等。

8.1.3　深度学习的经典算法

1. 卷积神经网络（Convolutional Neural Network，CNN）

CNN 是一种专门设计用于处理如图像的深度学习模型[1]。CNN 的模型架构通常由卷积层和池化层组成，它通过卷积层提取局部特征，并通过池化层减少参数数量，提取最重要的特征[2]。目前，CNN 已在基于图像处理的状态识别、故障诊断等领域得到了广泛应用[3-5]。其数学模型可简化如下所示[6]：

给定输入数据 $X = [x_1, x_2, x_3, \cdots, x_L]$，其中 L 为样本个数，且 $x_i \in R^N$。

卷积层包含多个特征映射，其中每个神经元取输入特征映射的一个小子区域，完成对输入的卷积运算。卷积层的输出可以用下式来计算：

$$C_i^k = \theta(u^k x_{i:i+s-1} + b_k) \tag{8-1}$$

式中，C_i^k 为第 k 个特征映射的卷积层输出在第 i，j 点处的值；u^k 为第 k 个滤波器的向量；b_k 为第 k 个卷积核偏置，θ 为激活函数。图 8-3 给出了一个单层 CNN 模型的示意图，该模型包含一个卷积层、一个最大池化层、一个全连接层、一个

Softmax 层，其中每个卷积层后都有一个池化层，池化层的特征向量可使用下式
计算：

$$h_i = \max(c_{(i-1)m}, c_{(i-1)m+1}, \cdots, c_{im-1}) \tag{8-2}$$

式中，m 为池化长度。

Softmax 层是深度学习中常见的一种输出层类型，能够将原始的、未归一化
的分数转换为概率分布，确保所有类别的概率之和为 1。对于给定的实数向量
$Z = [z_1, z_2, \cdots, z_k]$，Softmax 函数的输出 $S = [s_1, s_2, \cdots, s_k]$，定义如下：

$$s_i = \frac{e^{z_i}}{\sum_{j=1}^{k} e^{z_j}} \tag{8-3}$$

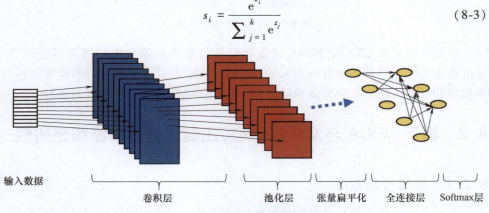

输入数据　　　卷积层　　　池化层　张量扁平化　全连接层　Softmax层

图 8-3　单层的 CNN 模型示意图

2. 反向传播神经网络（Backpropagation Neural Network，BPNN）

反向传播神经网络是传统的前馈神经网络（Feedforward Neural Network，
FNN），由输入层、隐藏层和输出层结构建立输入参数和对应标签之间的非线性
映射关系[7]。BPNN 属监督学习算法，使用反向传播算法进行训练，通过逐层传
播误差来更新网络参数（权重和阈值），可应用于如分类、回归和特征学习
任务。

BPNN 的结构如图 8-4 所示，多层神经网络的基本组成元素是神经元，单个
神经元的数学模型可由下式计算：

给定输入向量 $X = [x_1, x_2, x_3, \cdots, x_L]$，其中 L 为样本个数，且 $x_i \in R^N$。

第 l 层的隐藏层向量 $H^l = [h_1^l, h_2^l, \cdots, h_j^l, \cdots, h_{s_l}^l]$，其中 $l = 2, 3, \cdots,$
$L-1$；$j = 1, 2, \cdots, s_l$。

输出层输出向量 $Y = [y_1, y_2, y_3, \cdots, y_n]$。

设 w_{ij}^l 为第 $l-1$ 层的第 i 个神经元与第 j 个神经元之间的连接权重，b_j^l 为第 l
层的第 j 个神经元的偏置。因此得到

$$h_j^l = f(net_j^l) = f\left(\sum_{j=1}^{s_{l-1}} w_{ij}^l + b_j^l\right) \tag{8-4}$$

式中，net_j^l 为第 l 层第 j 个神经元的输入，$f(\cdot)$ 为激活函数。

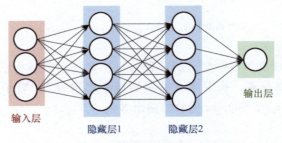

图 8-4　BPNN 结构示意图

下面将主要对 CNN 及 BPNN 在旋转设备故障诊断领域中的应用进行研究。通过结合 DPCA 信号调制特征与 CNN 或 BPNN 的方法，不仅有助于理解这些技术背后的原理，还能更全面地探讨它们在解决实际问题时的优势和局限性。

8.2　基于 DPCA 与 CNN 的涡旋压缩机故障诊断策略研究

8.2.1　故障诊断策略

车载空调系统的工作涉及制冷剂的循环，其中涡旋压缩机是循环中的关键组件之一。制冷剂在蒸发器中吸热，形成低温低压的蒸汽，然后由涡旋压缩机吸入并被压缩，升高温度和压力。接着，高温高压的气体通过冷凝器散热，变成高压液体。最后，制冷剂通过膨胀阀降压，回到蒸发器完成循环。车载空调系统的正常运行对于驾驶人和乘客的舒适性和安全性至关重要。因此，对涡旋压缩机的故障进行及时、准确的诊断尤为重要。

涡旋压缩机作为一种典型旋转机械，可能发生的故障包括：冷凝器堵塞[8]、主轴磨损，这些故障发生时容易引起系统内制冷剂回流至压缩机[9]，严重时甚至会烧毁电机[10]。这不仅会花费较高维护保修成本，而且会导致碳排放的增加与能源消耗[11]。因此针对空调系统开发高效的故障诊断策略十分重要。

卷积神经网络（Convolutional Neural Network，CNN）是一种具有深度结构的前馈神经网络[12-14]，通过卷积层与池化层的配合提取并保留图像主要特征[15-18]，在处理二维图像时有较好的鲁棒性。基于 CNN 在处理二维图像时局部感知与权重共享的优点，本研究在故障诊断模型中应用 CNN，实现空调系统故障的高效准确识别。图 8-5 为基于 DPCA 和深度学习的空调系统故障诊断策略结构。首先开展故障实验收集原始数据。之后利用 DPCA 方法提取信号调制特征，实现图像增强效果。为减少随机误差对模型训练与测试的影响，对加载得到的数据进行混洗、标准化处理，分为训练集、验证集与测试集。接着，基于 CNN 建立故障诊断模型，并利用模型评估体系对训练学习效果进行评价。针对大量的数据与高维的特征变量，在模型中加入 PCA 方法对数据进行降维，在保留大部分数据特征的同时降低运算量，节省运行时间。最后根据模型评估结果，调整诊断模型相关参数，优化模型结构，提高其故障诊断性能。

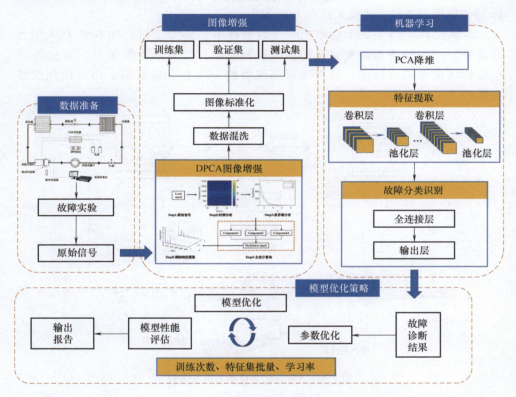

图 8-5　故障诊断策略结构图

8.2.2　涡旋压缩机非稳态工况实验平台

本研究实验平台由空调系统、控制系统、传感器及信号采集系统组成，原理如图 8-6 所示。系统中使用的制冷剂为 R134a，标准制冷剂充注量为 600g。涡旋压缩机输出动力驱动系统，其参数见表 8-1。涡街流量计与针阀分别监控调节系统流量。控制系统由中央控制器与调节旋钮组成，中央控制器能够切换系统模式（制冷或制热）并控制蒸发器风量，本次实验为制冷工况，风量档位为 1 档。

传感器及信号采集系统由振动加速度传感器、噪声传感器、上位机、数据采集仪组成，通过安装在压缩机各位置的振动加速度传感器及麦克风采集振动与噪声信号。振动传感器采用三个 PCB Piezotronics 振动加速度传感器，分别布置在压缩机动静涡旋盘外壳处 x、y、z 方向，灵敏度依次为 $10.38\text{mV}/(\text{m} \cdot \text{s}^2)$、$10.23\text{mV}/(\text{m} \cdot \text{s}^2)$、$9.94\text{mV}/(\text{m} \cdot \text{s}^2)$。噪声传感器采用 SKC 电容式传声器，布置在涡旋压缩机旁，灵敏度为 $51.6\text{mV}/\text{Pa}$，如图 8-7 所示。数据采集仪使用易恒16 通道数据采集仪，实验采样率为 5120Hz。

本研究共收集了 2 个故障 800 个数据样本，分为三组，样本的 75% 作为训练集，用于训练本研究提出的故障诊断模型；25% 作为测试集，通过评价指标评估模型综合性能；另外选取训练集的 20% 作为验证集，用于优化模型参数。

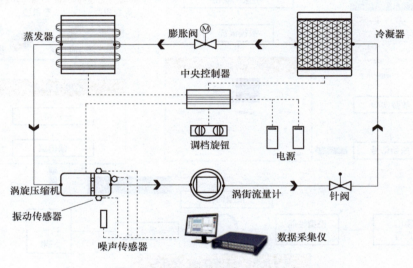

图 8-6　空调系统非稳态工况实验台

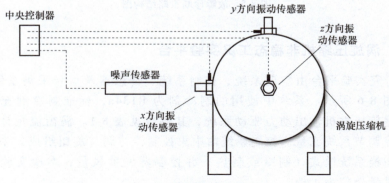

图 8-7　传感器布置示意图

表 8-1　涡旋压缩机参数

参数	数值	单位
轴频	54	Hz
排量	27	mL/r
额定功率	800	W
额定转速	3240	r/min
制冷剂型号	R134a	—

8.2.3　故障实验类型

1. 主轴磨损故障

主轴作为涡旋压缩机的核心部件，在操作不当时会发生磨损甚至断裂。此类故障将导致涡旋压缩机的效率降低、能耗增加，还会引起异常的振动噪声及制冷剂泄漏，从而影响空调系统正常运转。本研究中通过打磨主轴以模拟故障，如图 8-8 所示，包括主轴轻度磨损和重度磨损。

2. 冷凝器风扇堵塞故障

冷凝器的性能对空调系统的运行效率有显著影响，其风扇通过风冷方式对冷凝器降温散热。当有异物进入时易发生堵塞，这容易引起系统内制冷剂回流至压缩机，

a) 轻度磨损　　　　b) 重度磨损

图 8-8　主轴磨损示意图

从而发生机械故障。本研究中通过中央控制器使冷凝器风扇停止运行，以模拟故障，如图 8-9 所示。

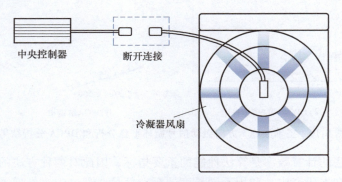

中央控制器　　　断开连接

冷凝器风扇

图 8-9　冷凝器风扇堵塞故障

8.2.4　基于 DPCA 的图像增强方法

DPCA 可实现对信号特征的增强和提取，得到特征更明显的故障图像样本，提高数据集识别度。采用汉宁窗对原始信号应用 STFT 方法，得到原始信号的时频分布矩阵。时频分布矩阵中的最低限制频率能够降低时频分布函数的维度，提高特征频率提取的准确性，进而减少提取调制特征频率计算量与时间。

为验证本研究应用的 DPCA 方法的有效性，利用涡旋压缩机在主轴磨损时 x 方向的振动信号，通过循环平稳分析方法和 DPCA 方法做解调分析，两种算法的分析结果如图 8-10 所示。发生主轴磨损故障时，振动信号中调制信号组分的调制作用降低，调制信号的信噪比较低。信号时频谱如图 8-10a 所示，涡旋压缩机的振动信号的宽带调制特征被表征。采用循环平稳分析方法时，振动信号的解调谱如图 8-10b 所示，轴频虽被表征，但解调谱中存在较多干扰频率。采用 DPCA 方法时，如图 8-10c 所示，根据特征值差异谱确定主成分阶次（i）为 1，解调结果如图 8-10d 所示，涡旋压缩机的低频调制特征频率被准确表征。DPCA 方法的解调谱中干扰频率的数量少，干扰强度低。在低信噪比情况下，DPCA 方法拥有更高的解调精度。

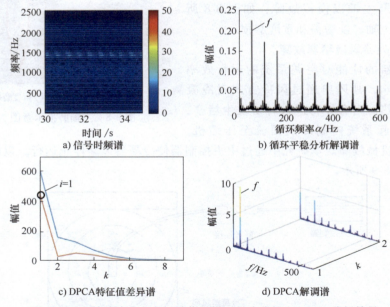

图 8-10　主轴故障 x 方向振动信号循环平稳分析和 DPCA 分析结果

解调算法的计算效率是算法性能的重要指标，因此对两种方法的计算效率做对比分析。在本研究中，利用不同长度的振动信号，通过中央处理器的计算时间（CPU time）讨论两种算法的计算效率。所有代码测试工作在笔记本电脑上完成，操作系统为 64 位 Windows 10，处理器为 Intel Core i5-7300，运行内存为 24GB。测试结果如图 8-11 所示，当信号长度小于 28 时，循环平稳分析方法运行时间少，计算效率高。随测试信号长度的增加，数据量的提高，其运行时间迅速上升，算法效率不断降低，而 DPCA 方法的运行时间保持平稳，计算效率始终处于较高水平。在涡旋压缩机的信号解调中，DPCA 方法具有更高的计算效率。

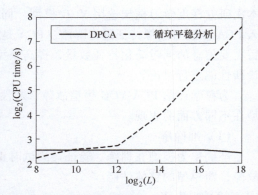

图 8-11　循环平稳分析和 DPCA 计算效率结果

8.2.5　PCA-VGG 故障诊断模型

CNN 是一个典型的深度前馈人工神经网络，受到生物学感受机制的启发被提出，并被广泛应用于故障诊断领域。它所采用的局部连接和权重共享的方式，优化了网络结构，降低了模型过度拟合的风险，在处理二维图像时具有很好的鲁棒性与运算效率。CNN 主要包括卷积层、池化层、全连接层，其中卷积层原理如式（8-5）所示。图 8-12 为 PCA-VGG 的模型原理图，在空调系统故障诊断中，经 DPCA 方法处理得到的图像矩阵进入卷积层内进行卷积运算，提取图像特征；之后在池化层中对提取到的特征进行筛选与降维，这提高了特征的鲁棒性与模型计算速度；最后通过全连接层和输出层进行图像分类，实现故障诊断。

$$X = \frac{n-f+2p}{s} + 1 \qquad (8-5)$$

式中，X 为输出矩阵大小，n 为输入矩阵大小，f 为卷积核大小，s 为步长，p 为填充方式。

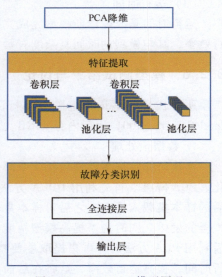

图 8-12　PCA-VGG 模型原理

视觉几何组（Visual Geometry Group，VGG）是典型的 CNN 模型，相比于其他 CNN 模型，卷积核体积更小，网络结构更深，具有更好的泛化能力，收敛所需迭代次数更少。在空调系统故障诊断中，精准快速的故障识别是非常重要的，VGG 模型对故障特征挖掘的精度与其自身的高泛化性为此提供了保障。因此，本次研究深度学习框架选用 VGG 模型。同时为了防止模型过拟合，在模型中引入 PCA 方法对图像特征进行降维。PCA 是一种常用的数据降维方法，能够在保留主要信息的同时简化特征数量，提高模型诊断效率。下面将对 PCA-VGG 模型诊断性能进行讨论。

为科学评估 PCA-VGG 模型故障诊断性能，本研究采用以下几个指标判断模型在不同方面的表现。

（1）准确率

准确率为模型在训练、验证、测试时正确分类样本占总样本的比例，反映了故障诊断模型的整体性能。

（2）损失率

损失率反映了模型做出的预测与真实值之间的偏离程度，损失函数值越大，模型预估结果越差。本模型中选用的损失函数为稀疏分类交叉熵，故障类别标签采用序号编码，如式（8-6）所示。

$$\text{Loss} = -\frac{1}{m}\sum_{i=1}^{m}\sum_{j=1}^{k} y_{ij}\log\hat{y}_{ij} \tag{8-6}$$

式中，m 为样本数，k 为类别数，y_{ij} 为真实标签值，$\hat{y}_{ij}$ 为预测值。

（3）运行时间

运行时间是故障诊断模型完成完整诊断流程消耗的时间，客观反映了模型运行效率，其与模型的时间复杂度有紧密联系。

8.2.6　模型测试结果与讨论

所有代码在笔记本电脑上运行，操作系统为 64 位 Windows 10，处理器为 Intel Core i5-7300，运行内存 24GB。

1. 数据预处理

本次研究数据预处理包括 4 个部分：样本集特征增强、数据混洗、数据归一化、PCA 降维。首先利用 DPCA 方法提取原始数据中的特征频率，将特征增强后的样本集载入程序。之后对样本集进行数据混洗，这可以防止模型抖动与过度拟合的发生。同时为了提高模型精度，预防梯度爆炸，对样本集归一化处理。最后利用 PCA 方法对样本集提取主要特征并降低其维度，这能够有效降低模型运行时间，提高运行效率，这将在后面具体论述。

2. 基于 DPCA 的图像增强方法性能评估

本次研究将特征增强方法用于样本集的预处理，即 DPCA 方法。为了比较不同样本集对诊断模型性能的影响，将相同数据导出的时域图像作为样本集，并与利用 DPCA 方法处理后的样本集对比。两种样本集分别导入模型进行训练与测试，PCA 结果如图 8-13 所示，图中椭圆代表故障分布范围。时域图像作为样本集时，如图 8-13a 所示，两种故障的数据样本重合率高，这说明两种故障的时域图像相似性高，区分度低。应用 DPCA 方法提取信号特征频率时，如图 8-13b 所示，能够有效区分两种故障，降低样本重合率，这为提升故障诊断成功率与降低诊断时间提供了保障。

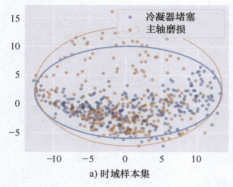

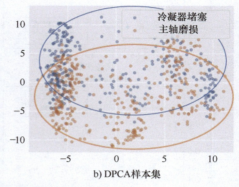

a) 时域样本集　　　　　　　　　　　　　　b) DPCA样本集

图 8-13　PCA 分析结果

经过 PCA 降维后，将两种样本集载入模型进行训练、验证与测试。模型参数介绍如下：损失函数为稀疏分类交叉熵，模型训练批量为 128，训练次数为 20次。图 8-14 是两种样本集的训练集准确率、验证集准确率、训练集损失、验证集损失与训练次数的关系。如图 8-14a、b 所示，两种样本集的训练验证准确率与训练次数正相关，且使用 DPCA 样本集的模型训练验证准确率始终高于时域样本集 10%。如图 8-14c、d 所示，两种样本集的训练验证损失与训练次数负相关。相比于时域样本集，DPCA 样本集拥有更低的训练验证损失，且随着训练次数的增加，两种样本集的损失差值增大。

模型诊断完毕后，利用评价函数得到综合准确率与运行时间。载入 DPCA 样本集的模型准确率为 97.76%，载入时域样本集的模型准确率为 84%，运行时间分别为 92.92s 与 86.47s。相比于时域样本集，选用 DPCA 样本集能够提升模型准确率 16.38%，这说明 DPCA 方法能够有效提高 PCA-VGG 模型的诊断成功率。

3. PCA-VGG 模型性能评估

本次研究将深度学习方法用于空调系统的故障诊断，即 PCA-VGG 神经网络模型。为了比较不同深度学习方法对空调系统的故障诊断性能，将 VGG16 与CNN 模型用于故障诊断，并与 PCA-VGG 神经网络进行比较。VGG16 模型有 13层卷积层、5 层池化层、3 层全连接层，分别负责特征的提取与分类。CNN 模型由两层卷积层、两层池化层与两层全连接层组成。三种模型主要参数一致，学习率为 0.001，模型训练批量为 128，训练次数为 20 次，验证集占训练集比例为20%。图 8-15 为三种模型的故障诊断结果，对比发现 PCA-VGG 模型拥有更高的

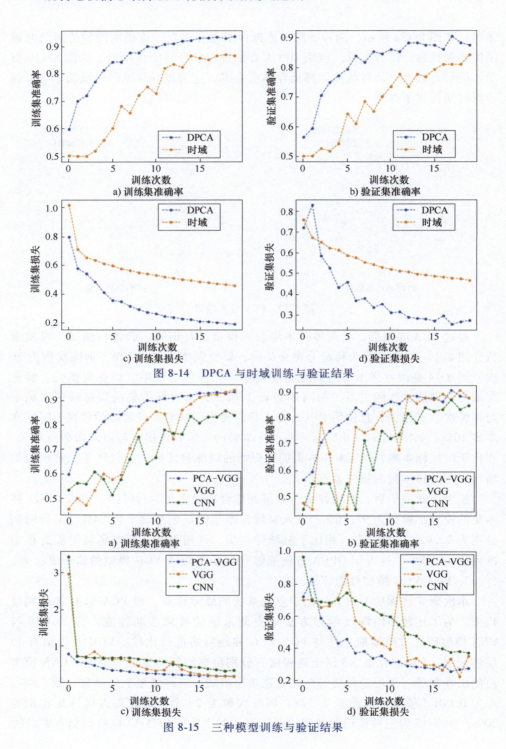

图 8-14   DPCA 与时域训练与验证结果

图 8-15   三种模型训练与验证结果

准确度与更低的损失，在训练与测试中模型性能处于领先地位。如图 8-16 所示，相比于另外两种模型，PCA-VGG 模型的准确率领先 17.1% 与 20.32%，运行时间节省 69.25% 与 64.53%。这说明 PCA-VGG 模型具有良好的诊断性能，与传统 VGG16 与 CNN 模型相比大幅缩短了诊断时间，提升了诊断准确率。

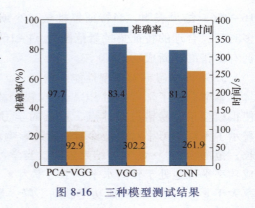

图 8-16　三种模型测试结果

8.2.7　模型优化策略

本节通过分析各参数对模型故障诊断性能的影响，获取最优参数。选定的参数包括训练次数、特征集批量、学习率。最后，将所提出的参数优化方法应用于所提出的模型中。

1. 不同训练次数对模型性能影响

训练次数定义了学习算法在整个训练数据集中的工作次数。训练次数过少时，模型将欠拟合，训练次数过多时，模型将过拟合，欠拟合与过拟合都将影响模型故障诊断性能，所以选择合适的训练次数十分重要。图 8-17 显示了不同训练次数对模型的诊断成功率与运行时间的影响。在训练次数过少时，诊断成功率为 52.23%，而且需要耗费大量运行时间，随训练次数增加，诊断成功率迅速上升并保持较高水平，运行时间波动上升。因此合理的训练次数范围为 10~30，这可以在保证诊断成功率的同时节省时间成本。

2. 不同特征集批量对模型性能影响

特征集批量是一次训练所选取的样本个数，它的大小影响着模型的优化程度与速度。图 8-18 为设置不同的特征集批量的模型诊断性能，特征集批量范围为

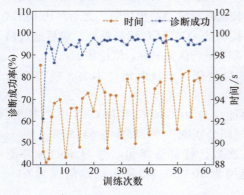

图 8-17　不同训练次数测试结果

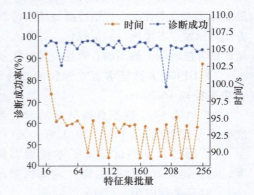

图 8-18　不同特征集批量测试结果

16~256。结果表明，当特征集批量过小或过大时，模型在故障诊断时将花费较多时间。合理的特征集批量范围为 64~160，在这个范围内的模型运行时间少且拥有不错的诊断成功率。

3. 不同学习率对模型性能影响

本节分析了学习率对 PCA-VGG 模型故障诊断性能的影响。过高的学习率会使得模型很容易错过最佳点，过低的学习率会导致模型收敛速度过慢。图 8-19 显示了不同学习率对模型诊断性能的影响。为更好观察，将学习率设置为指数增长，范围为 e^{-10}~$e^{-0.5}$。结果表明，当学习率在 e^{-10}~$e^{-5.75}$ 范围内时，模型诊断成功率平稳地处于较高水平。学习率为 $e^{-5.75}$ 时，诊断成功率迅速降低，当学习率大于 $e^{-5.75}$ 时，诊断成功率波动下降，最后稳定在 44.2%。因此，当学习率位于 e^{-10}~$e^{-5.75}$ 之间时，模型拥有最好的故障诊断性能，可以在这个范围内选取合适的学习率。

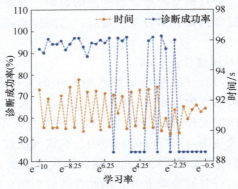

图 8-19　不同学习率测试结果

8.2.8　研究结论

本节针对空调系统提出了一种基于 DPCA 与机器学习的故障诊断策略。首先开展故障实验收集样本，包括冷凝器堵塞与涡旋压缩机主轴磨损故障，之后利用 DPCA 方法对原始样本集进行特征强化，并导入所提出的 PCA-VGG 诊断模型，最后通过模型评估方法验证了模型的有效性，并对部分参数进行优化研究。结论如下：

1）DPCA 方法能够有效强化原始样本集特征，相较时域样本集，模型诊断成功率提高 16.38%。

2）PCA-VGG 模型具备良好的诊断性能，与 VGG16 模型和 CNN 模型对比，准确率分别提高 17.1% 与 20.32%，运行时间分别减少 69.25% 与 64.53%。

3）通过大量测试获得了本模型训练次数、特征集批量、学习率的参考范围，想获得良好的诊断性能，训练次数范围为 10~30，特征集批量范围为 64~160，学习率范围为 e^{-10}~$e^{-5.75}$。

8.3　基于 DPCA 与 BPNN 的涡旋压缩机故障诊断策略研究

8.3.1　故障诊断策略

反向传播神经网络（Back Propagation Neural Network，BPNN）是一种典型的深度学习模型，通过反向传播算法，计算模型误差并更新权重，具有较好的自适应性和泛化能力。在本研究中，通过结合信号解调方法、PCA、Hu 矩、BPNN，提出一种新型故障诊断策略。图 8-20 为基于 DPCA 和深度学习的空调系统故障诊断策略结构。首先，在数据收集与预处理中，利用空调系统非稳态工况实验台，开展故障实验收集运行数据。为增强样本特征，得到更好的诊断结果，利用 DPCA 方法提取故障信号调制特征。相对于时域谱，携带信号调制特征的解调谱能更好地反映故障种类与程度，可识别性更强。之后利用 Hu 矩方法，将解调谱转换成 7 个不变矩组[19-22]，这使得图像特征被保留的同时，拥有了平移、旋转和尺度不变性的特点，增强了模型的鲁棒性。最后对数据集做标准化和混洗

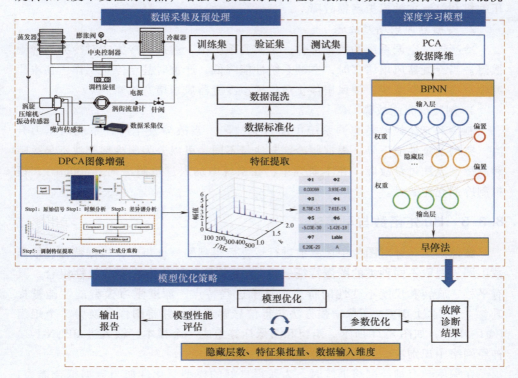

图 8-20　故障诊断策略结构图

处理，并分为训练集、验证集、测试集。将数据集导入深度学习模型中进行分类识别，为提高运行效率，利用 PCA 方法降低数据维度。为获得模型的最优参数，使用早停法控制训练次数与学习率。针对应用的深度学习模型，通过大量测试与评估指标提出模型优化策略，获取最优的参数范围，包括输入维度、隐藏层节点数、特征集批量。

8.3.2　实验平台与故障实验

本研究共收集了 3 种故障 600 个数据样本，每种故障 200 个样本。样本的 91.5% 作为训练集，8.5% 作为测试集，另外选取训练集的 25% 作为验证集。训练集用于深度学习模型的训练，测试集用于评估模型性能，验证集用于模型的参数调整与选择。通过参数调整，提高模型的泛化能力，避免过拟合情况的发生。

1. 主轴磨损故障

主轴是涡旋压缩机的核心部件。在润滑不良和过载时，主轴会被磨损，这会导致机械故障的发生，压缩机效率降低，能耗增加。在本研究中，通过拆卸涡旋压缩机和打磨主轴模拟磨损故障。

2. 冷凝器风扇堵塞故障

冷凝器是空调系统的关键部件。本实验系统中，通过风冷方式对冷凝器降温散热。当冷凝器风扇堵塞时，空调系统性能降低，严重时甚至停止工作。在本研究中，通过控制系统，使风扇停止运行模拟冷凝器风扇堵塞故障。

3. 制冷剂充注故障

制冷剂充注故障是空调系统中的常见故障。当故障发生时，系统内压力升高，空调系统性能下降。根据制冷剂充注量不同，可以分为制冷剂充注不足故障和制冷剂充注过量故障。在本研究中，在系统中加入过量制冷剂（800mL），模拟制冷剂充注故障。

8.3.3　Hu 矩函数与早停法

图像的矩是针对图像中像素值进行运算后得到的特征矩阵，根据特征提取函数不同，提取不同种类的图像特征。Hu 矩函数是归一化中心矩的线性组合，具有平移、旋转和尺度不变性的特点，基于这些特点，深度学习模型的性能被提升[23-25]。通过 DPCA 图像增强方法获得信号解调谱，并将图像转换为 7 个矩组（$\Phi 1 \sim \Phi 7$），如图 8-21 所示。矩组和图像标签组成一个样本，输入进 BPNN-PCA 神经网络中识别。

在深度学习神经网络训练时，为获得良好的模型泛化性能与数据拟合能力，通常手动调整模型参数。这容易导致模型过拟合情况的发生，如图 8-22 所示，

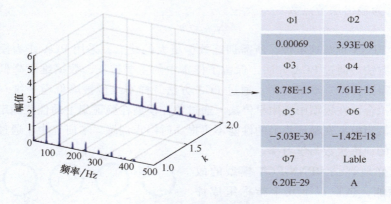

Φ1	Φ2
0.00069	3.93E-08
Φ3	Φ4
8.78E-15	7.61E-15
Φ5	Φ6
−5.03E-30	−1.42E-18
Φ7	Lable
6.20E-29	A

图 8-21　Hu 矩原理图

当模型的训练集准确率不断提高时，测试集准确率降低。为解决模型过拟合的情况，在深度学习模型中引入早停法。其原理为在每个或几个训练结束后，获取模型测试集测试结果，当模型测试集性能降低时则停止训练，停止时的模型训练次数称为早停次数。

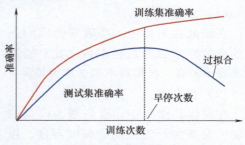

图 8-22　早停法原理图

8.3.4　BPNN-PCA 故障诊断模型

BPNN 是一种典型前馈型神经网络，由输入层、隐藏层、输出层组成。学习过程可以分为前向传播与反向传播。在前向传播过程中，样本依次通过输入层与隐藏层，在输出层中输出结果，识别故障类型。在反向传播过程中，根据输出结果与实际结果的差异，利用误差反向传播算法，调整模型中的权重与偏置，模型的精度与泛化能力被提高[10,11]。在 BPNN 模型中，权重表示输入层、隐藏层、输出层之间的连接强度。偏置是神经元激活函数中的常数项，用于调整神经元的激活阈值，如图 8-23 所示。本研究中通过经验方程确定隐藏层节点，如式（8-7）~式（8-9）所示。通过经验方法和大量测试，初始输入层节点个数被确定为 6，初始隐藏层节点个数为 4；根据识别故障的种类，确定输出层节点个数为 3；模型中误差函数为交叉熵损失函数；初始特征集批量为 10。

$$N_h = 2N_i + 1 \tag{8-7}$$

式中，N_h 为隐藏层节点数，N_i 为输入层节点数。

$$N_o \leqslant 2N_i \tag{8-8}$$

式中，N_o 为输出层节点数。

$$N_h \leqslant 2N_i \tag{8-9}$$

针对 BPNN 训练速度慢，所需训练数据量大的缺点，采用 PCA 作为模型前数据预处理方法。通过 PCA 方法，保留了样本中的主要特征，数据维度降低，模型计算效率得到提升。本研究中，通过 PCA 方法，样本维度被降低至 3 维。为了防止模型过拟合，在模型中应用早停法。通过监控模型在验证集上的性能确定停止训练的时间，当模型在验证集上的性能不再提高时停止训练。本研究中，通过早停法确定模型的训练次数与学习率。

为更好地评估 BPNN-PCA 模型的故障诊断性能，选取以下几个指标组成评价体系从多方面对模型评估。

（1）准确率

在测试数据集中，准确率为模型正确预测的样本数与总样本数之比。模型的准确率越高，模型数据拟合能力越强。

（2）损失率

在训练数据集中，损失率为模型的预测值与真实标签之间的偏离程度，损失函数值越小，模型性能越好。本模型中选用的损失函数为交叉熵损失函数，故障类别标签采用一位有效编码形式。

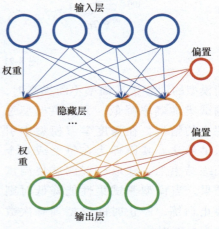

图 8-23　BPNN-PCA 原理

（3）运行时间

运行时间是模型完成故障诊断的时间，反映了模型运行效率，是评估模型性能的重要指标。

（4）混淆矩阵

混淆矩阵表示每个类别的预测结果和实际类别之间的关系，包括 4 个指标，分别是真正例（True Positive，TP）、假正例（False Positive，FP）、真反例（True Negative，TN）、假反例（False Negative，FN），其关系见表 8-2。通过混淆矩阵可以得到模型的精确率、召回率、F1 值等模型评估参数，计算公式如式（8-10）~式（8-12）所示。

$$\text{precision} = \frac{TP}{TP+FP} \tag{8-10}$$

式中，precision 为精确率。

$$\text{recall} = \frac{TP}{TP+FN} \tag{8-11}$$

式中，recall 为召回率。

$$F1 = \frac{2 \times precision \times recall}{precision + recall} \tag{8-12}$$

式中，F1 为混淆矩阵的 F1 值。

表 8-2　混淆矩阵

混淆矩阵		真实值	
		Positive	Negative
预测值	Positive	TP	FP
	Negative	FN	TN

8.3.5　模型测试结果与讨论

深度学习模型在笔记本电脑上运行，操作系统为 64 位，版本为 Windows 10，运行内存 24GB，处理器为 Intel Core i5-7300。

1. 数据预处理

在本研究中，数据预处理包括 5 个部分：样本特征增强、特征提取、数据归一化、数据混洗、PCA 降维。通过 DPCA 方法，对故障信号做解调分析，得到信号解调谱。利用 Hu 矩函数，信号解调谱被转化为 7 个不变矩组，与类别标签组成样本。为了防止模型过拟合与梯度爆炸，在模型中应用数据归一化与数据混洗方法。通过 PCA 方法，样本的数据维度被降低至 3 维，在保留分类精度的同时提高了模型计算效率。

2. 基于 DPCA 的图像增强方法性能评估

在数据预处理中，为得到拥有更强特征的样本，DPCA 方法被应用至图像增强领域。为了评估 DPCA 方法在特征增强领域的有效性，利用相同深度学习模型处理两个样本集，分别是时域图像得到的样本集与利用 DPCA 方法得到的样本集。它们的 PCA 分析的结果如图 8-24 所示。图中不同颜色的椭圆代表了不同故障样本的分布范围。如图 8-24a 所示，时域图像样本集中三种故障无法被有效区分开，样本相似度高，这不利于后续深度学习模型的分类。经过 DPCA 方法处理之后，如图 8-24b 所示，三种故障样本区分度被提高，这证明样本的特征被增强，为后续故障分类奠定了基础。

两种样本集被载入模型进行训练、验证与测试，混淆矩阵如图 8-25 所示。通过计算，时域样本集混淆矩阵的准确率为 80%，三种故障对应的召回率分别为 75%、76.92%、88.24%。DPCA 样本集混淆矩阵的准确率为 87.5%，三种故障对应的召回率分别为 78.57%、87.5%、100%。通过对比，应用 DPCA 样本集的模型拥有更高的准确率和召回率。这验证了前文中的 PCA 结果，经过 DPCA

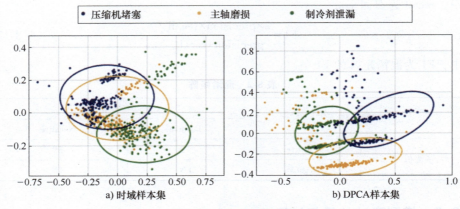

图 8-24　PCA 分析结果

算法后，样本的特征得到增强，模型拥有更好的故障分类结果。

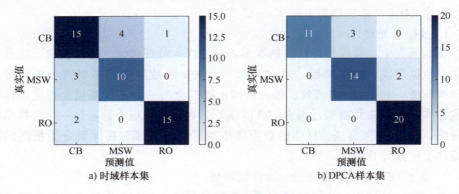

图 8-25　混淆矩阵结果

深度学习模型在故障分类完成之后，利用模型评价函数，得到测试集的准确率和运行时间，如图 8-26 所示。未使用 DPCA 算法的样本诊断准确率为 75.99%，运行时间为 190.05s。经过 DPCA 算法，特征得到增强的样本诊断准确率为 89.99%，运行时间为 81.48s。经过对比，准确率提高 18.42%，运行时间缩短 57.13%。DPCA 算法的有效性再次得到验证。

3. PCA-VGG 模型性能评估

在本研究中，将一种深度学习模型应用于空调系统的故障诊断，即 BPNN-PCA 模型。为了验证模型的性能，将 BPNN 模型和分类回归树（Classification and Regression Tree，CART）模型作为具有相同样本集的对照组。CART 模型是一种基于树结构的决策算法，可用于分类和回归问题。CART 模型的参数是通过样本特征和经验方法确定的。在本研究中，最大深度为 3，最小样本叶片为 3，

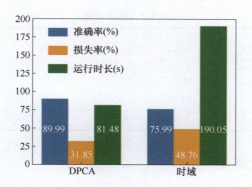

图 8-26　模型测试结果

而最小样本分裂为 2。BPNN 模型和 BPNN-PCA 模型具有相同的参数。输入层 6 个节点，隐藏层 4 个节点，输出层 3 个节点，验证集比例为 25%。

　　表 8-3 为三个模型的混淆矩阵结果，通过式（8-10）~式（8-12），获得了三个故障的精确率、召回率和 F1 值。与其他两个模型相比，BPNN-PCA 模型具有更高的精确率、召回率和 F1 值，并获得了更好的故障分类性能。在表 8-4 中，通过计算它们的准确率、损失率和运行时间，进一步表征了这三个模型的性能。BPNN-PCA 模型具有较低的损失率和运行时间以及较高的准确率。与 BPNN 模型相比，BPNN-PCA 模型运行时间节省了 76.55%，损失率降低了 39.44%，准确率提高了 18.42%。与 CART 模型相比，BPNN-PCA 模型损失率减少了 52.23%，准确率增加了 34.99%。在 BPNN-PCA 模型中，合理应用了 PCA 方法，选择了合适的模型参数，具有更好的模型性能，该模型在空调系统故障诊断中的优越性得到验证。

表 8-3　混淆矩阵结果

模型 参数	CART	BPNN	BPNN-PCA
Precision（fault1）	0.62	0.71	1.00
Precision（fault2）	0.58	0.65	0.82
Precision（fault3）	0.93	0.94	0.90
Recall（fault1）	0.44	0.63	0.79
Recall（fault2）	0.86	0.72	0.88
Recall（fault3）	0.65	0.94	1.00
F1（fault1）	0.52	0.67	1.41
F1（fault2）	0.69	0.68	0.85
F1（fault3）	0.76	0.94	0.95

表 8-4　混淆矩阵

参数 ＼ 模型	CART	BPNN	BPNN-PCA
准确率(%)	66.67	76.00	90.00
损失率(%)	66.67	52.59	31.85
运行时间/s	0.01	347.51	81.48

8.3.6　模型优化策略

在本节中，通过大量测试获得了部分模型参数的最优范围，包括输入模型的数据维度、特征集批量、隐藏层节点数。

1. 不同数据维度测试结果

输入模型的数据维度是影响模型性能的重要参数。数据维度与模型复杂度正相关，数据维度过高时，模型训练和验证的时间成本处在较高水平。过低的数据维度会导致模型无法得到有效的验证。图 8-27 显示了 7 种数据维度的模型测试结果。在数据维度过低时，运行时间与准确率较低，过少的特征导致了这种现象。随着数据维度的增加，运行时间与准确率均平稳上升。为了得到最佳的模型性能，综合考虑模型准确率与运行时间，合理的数据维度为 2~4。

2. 不同特征集批量测试结果

特征集批量是一次训练所选取的样本个数，影响着模型的计算速度。在本研究中，19 种特征集批量被选择，模型的测试结果如图 8-28 所示。当较小的特征集批量被选择时，模型拥有较高的准确率和运行时间。随着特征集批量的增加，模型无法得到充分训练导致准确率和运行时间缓慢下降。合理的特征集批量范围为 50~70，模型运行时间较少的同时保证了诊断准确率。

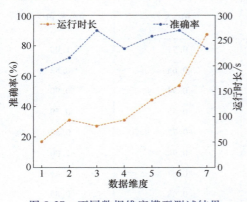

图 8-27　不同数据维度模型测试结果

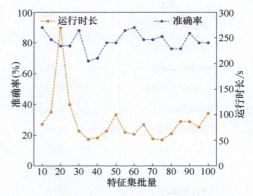

图 8-28　不同特征集批量模型测试结果

3. 不同隐藏层节点测试结果

在本节中，拥有不同的隐藏层节点数的模型被测试，如图 8-29 所示。隐藏层节点影响着模型的拟合，过少的隐藏层节点导致模型欠拟合，过多的隐藏层节点导致模型过拟合。当节点只有一个时，运行时间最长，一个节点无法满足故障分类的需要。随着节点的增加，运行时间缓慢下降，准确率不断波动。合理的节点数为 4～7 和 14～16，在这个范围内，模型的性能最佳。

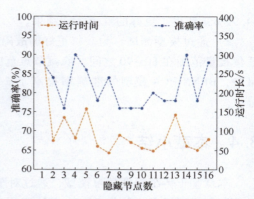

图 8-29　不同隐藏层节点模型测试结果

4. 模型优化策略有效性验证

在本节中，通过经验公式和大量测试，确定了模型参数的最佳范围。原始模型和优化模型的参数和测试结果见表 8-5。与原始模型相比，优化模型的准确率提高了 2 个百分点，损失率降低了 0.83 个百分点，具有更好的模型性能，验证了模型优化策略的有效性。这为后续的模型性能优化奠定了基础。

表 8-5　原始和优化模型测试结果

模型　　参数	原始模型	优化模型
数据维度	3	4
特征集批量	10	88
输入层节点	6	4
隐藏层节点	4	6
准确率(%)	90.00	92.00
损失率(%)	31.85	31.02
运行时间/s	81.48	88.99

8.3.7　研究结论

1）在图像特征增强领域，DPCA 方法具有良好的性能。通过 DPCA 方法，图像的特征得到增强，模型的识别能力被提高。使用 DPCA 样本集的模型的准确率提高了 18.42%，运行时间缩短了 57.13%，损失率降低了 34.68%。

2）BPNN-PCA 模型在空调系统故障识别中具有较好的性能。与 BPNN 和 CART 模型相比，损失率降低了 39.44% 和 52.23%，准确率提高了 18.42% 和

34.99%，获得了更好的混淆矩阵结果。

3）通过模型测试，为获得更好的故障诊断性能，数据维度在 2~4 之间，特征集批量范围在 80~90 之间，隐藏节点范围在 4~7 和 14~16 之间。通过该优化策略，BPNN-PCA 模型的准确率提高了 2 个百分点，损失率降低了 0.83 个百分点。

8.4　本章小结

本章基于传统深度学习模型，通过对车载空调系统涡旋压缩机的振动、噪声信号调制特征提取，并将 DPCA 方法应用于 CNN 及 BPNN 模型搭建中。与采用时域、频域特征提取方法及循环平稳分析方法相比，采用 DPCA 特征提取方法的深度学习模型准确率高，算法效率高，模型泛化能力强，过拟合风险低。结果表明，该方法在旋转机械故障诊断领域具有巨大应用潜力。

参 考 文 献

［1］ LeCun Y, Boser B, Denker J, et al. Handwritten digit recognition with a back-propagation network ［C］. Advances in neural information processing systems, 1989.

［2］ Lecun Y, Bottou L, Bengio Y, et al. Gradient-based learning applied to document recognition ［J］. Proceedings of the IEEE, 1998, 86（11）: 2278-2324.

［3］ Gu J, Peng Y, Lu H, et al. A novel fault diagnosis method of rotating machinery via vmd, cwt and improved cnn ［J］. Measurement, 2022, 200: 111635.

［4］ Song Y, Ma Q, Zhang T, et al. Research on fault diagnosis strategy of air-conditioning systems based on dpca and machine learning ［J］. Processes, 2023, 11（4）: 1192.

［5］ Jin T, Yan C, Chen C, et al. Light neural network with fewer parameters based on cnn for fault diagnosis of rotating machinery ［J］. Measurement, 2021, 181: 109639.

［6］ Ahmed H, Nandi A K. Deep learning ［M］//Condition Monitoring with Vibration Signals: Compressive Sampling and Learning Algorithms for Rotating Machines. Hoboken: Wiley-IEEE Press, 2019: 279-305.

［7］ 彭康宁. 基于机器学习的天线性能分析与优化 ［D］. 南京: 南京邮电大学, 2022.

［8］ Zhang P, Dong W, Wang L, et al. Failure analysis of micro-channel condenser of air source heat pump water heater ［J］. Engineering Failure Analysis, 2021, 122: 105250.

［9］ Zhou Z, Wang J, Chen H, et al. An online compressor liquid floodback fault diagnosis method for variable refrigerant flow air conditioning system ［J］. International Journal of Refrigeration, 2020, 111: 9-19.

［10］ Wang J, Li G, Chen H, et al. Liquid floodback detection for scroll compressor in a vrf system under heating mode ［J］. Applied Thermal Engineering, 2017, 114: 921-930.

[11] Singh G，Anil Kumar T Ch，Naikan V N A. Efficiency monitoring as a strategy for cost effective maintenance of induction motors for minimizing carbon emission and energy consumption [J]. Reliability Engineering & System Safety, 2019, 184：193-201.

[12] Sikirica A，Grbčić L，Kranjčević L. Machine learning based surrogate models for microchannel heat sink optimization [J]. Applied Thermal Engineering, 2023, 222：119917.

[13] Soori M，Arezoo B，Dastres R. Machine learning and artificial intelligence in cnc machine tools, a review [J]. Sustainable Manufacturing and Service Economics, 2023：100009.

[14] Lei Q，Zhang C，Shi J，et al. Machine learning based refrigerant leak diagnosis for a vehicle heat pump system [J]. Applied Thermal Engineering, 2022, 215：118524.

[15] Tóth P，Garami A，Csordás B. Image-based deep neural network prediction of the heat output of a step-grate biomass boiler [J]. Applied Energy, 2017, 200：155-169.

[16] Campos V，Sastre F，Yagües M，et al. Distributed training strategies for a computer vision deep learning algorithm on a distributed gpu cluster [J]. Procedia Computer Science, 2017, 108：315-324.

[17] Castro Martinez A M，Mallidi S H，Meyer B T. On the relevance of auditory-based gabor features for deep learning in robust speech recognition [J]. Computer Speech & Language, 2017, 45：21-38.

[18] Long E，Lin H，Liu Z，et al. An artificial intelligence platform for the multihospital collaborative management of congenital cataracts [J]. Nature Biomedical Engineering, 2017, 1 (2)：1-8.

[19] Monge-Álvarez J，Hoyos-Barceló C，Lesso P，et al. Robust detection of audio-cough events using local hu moments [J]. IEEE Journal of Biomedical and Health Informatics, 2019, 23 (1)：184-196.

[20] Lv C，Zhang P，Wu D. Gear fault feature extraction based on fuzzy function and improved hu invariant moments [J]. IEEE Access, 2020, 8：47490-47499.

[21] Basavaiah J，Arlene Anthony A. Tomato leaf disease classification using multiple feature extraction techniques [J]. Wireless Personal Communications, 2020, 115 (1)：633-651.

[22] Xie G，Guo B，Huang Z，et al. Combination of dominant color descriptor and hu moments in consistent zone for content based image retrieval [J]. IEEE Access, 2020, 8：146284-146299.

[23] Sharma S，Mehra R. Conventional machine learning and deep learning approach for multi-classification of breast cancer histopathology images—a comparative insight [J]. Journal of Digital Imaging, 2020, 33 (3)：632-654.

[24] Ramesh S，Hebbar R，M. N，et al. Plant disease detection using machine learning [C]. International Conference on Design Innovations for 3Cs Compute Communicate Control (ICDI3C)，2018.

[25] Tan C，Sun Y，Li G，et al. Research on gesture recognition of smart data fusion features in the iot [J]. Neural Computing and Applications, 2020, 32 (22)：16917-16929.

［26］ Sun S，Li G，Chen H，et al. A hybrid ica-bpnn-based fdd strategy for refrigerant charge faults in variable refrigerant flow system ［J］. Applied Thermal Engineering，2017，127：718-728.

［27］ Guo Y，Li G，Chen H，et al. Optimized neural network-based fault diagnosis strategy for vrf system in heating mode using data mining ［J］. Applied Thermal Engineering，2017，125：1402-1413.